「食」の図書館

マスタードの歴史

MUSTARD: A GLOBAL HISTORY

DEMET GÜZEY
デメット・ギュゼイ【著】
元村まゆ【訳】

原書房

目次

［……］は翻訳者による注記である。

序章◉世界で最も広く使われている調味料

種子には命が詰まっている。種子から枝や葉が伸び、花が咲き、そして新しい種子が生まれる。その命の循環は、平凡であると同時に驚異でもある。マスタードシードも同じだ。その小さな球体の中に、可能性、永遠、永続性を秘めている。

マスタードは塩やコショウとともに、世界で最も広く使われている調味料ベスト3のひとつである。少なくとも4000年前から歴史に登場し、2世紀からヨーロッパのレシピにその名が記されている。

マスタードはただの調味料ではなく、文明の象徴とも言える。マスタードの物語は、医術、神話、魔術の物語でもあるからだ。マスタードは刺激的で強力だが、シンプルで堅実でもある。いくつかの調味料がもつ不健康な意味合いとは無縁で、さまざまな料理にバラエティに富んだ味わいを与える。マスタードは昔から貧しい人々のスパイスであると同時に、富める人々の調味料としても存在してきた。その歴史は創意に満ち、王族からたくさんの勲章やメダルを授与されている。そう、マスタードは嗜好品であるとともに、国家の威信をかけた品物でもあるのだ。

マヨネーズからソース、ホットドッグからプレッツェル、スープからサラダ、肉料理まで、マスタードは世界中で料理に使用され、風味を与えてきた。こうした世界的なマスタードの歴史は、料理本や広告、大衆文化、文学、聖書のなかにたどることができる。本書の目的は、料理史におけるマスタードの重要性を示すことだ。

第1章では、植物、種子、調味料としてのマスタードを考察する。

第2章では、世界中のさまざまな種類のマスタードを紹介したい。マスタードには、粒状のものやスムーススタイプのものもあれば、辛みの強いものや甘いものもある。産地もフランスのディジョン、アメリカ、イギリスなどさまざまだ。また、粉末で売られているものもあれば、ソースや球状に加工されたものもある。

第3章では、宗教、文学、慣用表現におけるマスタードの象徴性を検討し、マスタードがどのような経緯で、強さ、「小さな始まり」、成長、信仰、熱狂の象徴となったのかを解明する。

第4章では、消化不良や一般的な風邪など、病気の治療にマスタードが使われる事例について述べる。医療用としては、種子を噛んだり、湿布として使われたり、食品がもつそれぞれの性質のバランスをとるためにほかの食品と組み合わせて用いられたりしてきた。

そして、最後に第5章では、多くの伝統的な料理に欠かせない食材としての、家庭にあるマスタードソースやオイルの使い方にもふれておきたい。マスタードの利用法は、その種子の数と同じくらいある。

レシピのページでは、マスタードを使った昔のレシピや新しい調理法だけでなく、世界各地の代表的なマスタード料理もいくつか紹介したい。

では、大いにマスタードをお楽しみください！

第1章◉マスタードとは

◉マスタードという植物

植物としてはアブラナ科に属する。アブラナ科の学名は「Brassicacea」だが、「Cruciferae」とも呼ばれる。花びらが十字架（cross）に似ているからだ。アブラナ科の植物には、ほかにラディッシュ、チューリップ、ガーデンクレス（コショウソウ）、ホースラディッシュ（セイヨウワサビ）といった野菜や、野生カラシナ、ノガラシなどの野草がある。

マスタードの形態には野菜（カラシナ）、マスタードシード、粉末マスタードがあり、油、調味料、食材となる。料理に、儀式に、羊の飼料、緑肥《りょくひ》［草を青いまま田畑にすきこみ、腐らせて肥料とするもの］、さらには大陸間航空機ボーイング７８７ドリームライナーのバイオ燃料としても使われる。[1]

現代の陸上選手のなかには、脚のけいれんを防ぐためにレース中にマスタードを食べる人もいる。マスタードは先史時代から薬として、また料理の風味付けに使われてきた。エジプトのファラオの墓、ヨーロッパや中国の洞窟の中からも発見されている。マスタードシードは気候を選ばずに育ち、加工に手がかからないので、マスタードはあらゆる社会階級の人々に利用されてきた。

「マスタード」という名前の起源は、ローマ人がマスト（ラテン語名 mustum）と呼ばれる未醱酵のブドウ果汁［繊維、皮、種などを含むことがある］に、挽いて粉にしたマスタードシードを混ぜて、辛いマスト（mustum ardens）を作ったことに由来する。

ヨーロッパのほとんどの国では、この調味料によく似た名前が付けられている。英語ではマスタード、フランス語ではムタールド（moutarde）、スペイン語ではモスターサ（mostaza）、オランダ語ではモスタルドゥ（mosterd）だが、ヒンディー語ではサーソン（sarson）、アラビア語ではカルダル（khardal）だ。このふたつの言語は独特の起源をもち、ローマの影響を受けていないことがうかがえる。

マスタードシードにはイエロー、ブラウン、ブラックの3種類があり、色で見分けがつく。イエローまたはホワイトマスタード（学名 *Sinapis alba*、*Brassica hirta* とも呼ばれる）は、北

『ケーラーの薬用植物』のブラックマスタードの絵。フランツ・オイゲン・ケーラーによる出版。

左から、イエローマスタードシード、オリエンタルマスタードシード、ブラウンマスタードシード。

アメリカの伝統的なホットドッグの風味付けに使われるマスタードの主要な原料として最もよく知られている。ブラウンマスタード（学名 *Brassica juncea*）は濃い茶色の種皮をもち、フランスのディジョンマスタードの製造に使われる。また、イエローマスタードとブレンドして、イングリッシュマスタードの製造にも使われる。

オリエンタルマスタードと呼ばれるのは、黄金色の種皮をもつブラウンマスタードの一種だ。オリエンタルマスタードの主要な市場は南アジアおよび東アジアで、日本料理の調味料として、あるいは他のアジア諸国、特にインドやネパールで料理油の原料として使われる。中国の辛みの強いマスタード（芥《ガイ》）と日本のカラシはどちらもブラウンマスタードシードから作られ、醤油に混ぜて使われる。さまざまな種類のブラウンマスタードの葉（カラシナ）は食用になる。

ブラックマスタード（学名 *Brassica nigra*）の原産地は、北アフリカの熱帯地方とヨーロッパの温暖な地域、そしてアジアの一部だ。インド料理や中国の漢方薬に広く使われていて、聖書や多くの由緒あるレシピにも登場する。

ホースラディッシュ（学名 *Armoracia rusticana*）と、その日本のいとこにあたるワサビ（学名 *Wasabia japonica*）は、マスタードの近縁種である。ワサビの場合、地下茎《ちかけい》をすりおろして使う。また、乾燥させて粉ワサビにして、あるいはペースト状にして練りワサビにして使用する。ホースラディッシュの場合は、根をすりおろし、たいていはビネガーと混ぜて使用される。この3種はアブラナ科の植物のなかで最も辛みが強い。

◉マスタードシード

マスタードシードは直径約1～2ミリの球状をしている。ひじょうに小さいので、広いスペースに植えても少量しか収穫できない。カラシナ自体は1～1・5メートルの高さに育ち、春には小さな明るい黄色の花を付ける。カラシナの花が咲いて受粉すると、種子が入った鞘《さや》ができる。晩夏——通常は8月初旬——になると、鞘の中で種子が熟しはじめる。カラシナの鞘は、葉や茎が乾燥してから収穫する。茎や葉をコンバインに投入すると鞘がつぶれて開くので、そこから種子だけを収穫するのである。

世界でマスタードシードの生産高が最も多いのはカナダ、ネパール、ミャンマーで、この3国で世界のマスタードシード収穫高の約70パーセントを占める。カナダ、アメリカ合衆国、ヨーロッパのいくつかの国で生産されるマスタードシードは、主に調味料やスパイスとして交易される。ちなみに、アジアでは種子は主としてマスタードオイルに加工される。マスタードシードの重量の40パーセントは油分なのだ。しかしながら、マスタードシードの最大の生産国が最大の消費国ではない。マスタードの最大の輸入国はアメリカ合衆国で、ドイツがそれに続く。[2]

マスタードの葉はカラシナと呼ばれる野菜として食用になり、種子はスパイスとして使われるほかに、搾ってマスタードオイルとしたり、粉状にして水やビネガーと混ぜてマスタードと呼ばれる黄色い調味料を作ったりする。「調味料（condiment）」という単語はラテン語で「風味を加える」と言う意味の動詞 condire に由来する。

◉古代のマスタード

マスタードが調味料として使われた事例は、すでに古代の史料に記録が残っている。古代ギリシアの散文家アテナイオスが3世紀に著した『食卓の賢人たち』［柿沼重剛訳／京都大学学術出版会／1997年］には、つぶしたレーズンとマスタードシードを、ビネガーやブドウのマストに混ぜたものを使ったカブの料理が出てくる。

甘みと苦みにピリッとした辛みの組み合わせは、ローマのレシピでもよく使われている。コリアンダー、セロリ、マスタードなどの調味料をワイン、ビネガー、マスト、果汁、魚醤《ぎょしょう》、油、牛乳またはハチミツと混ぜたものが、鶏やほかの肉料理のソースとして使われた。[3]

西洋でマスタードを使った最初のレシピは、4世紀後半から5世紀初頭に出版されたローマの料理本『料理の題目 *De re coquinaria (On the Subject of Cooking)*』に、さまざまな肉料理のソースとして登場する。このようなレシピのいくつかは、コショウ、キャラウェー、ラベージ［セリ科のスパイス］、コリアンダーシードを煎ったもの、ディル、セロリ、タイム、オレガノ、タマネギ、ハチミツ、ビネガー、魚醤、油など、粉マスタード以外のさまざまなスパイスを必要とした。

フランスのマスタード製造会社アモラ社の看板。彫刻されたオーク材に彩色してある。1930年のディジョン国際美食フェアで使われたもの。

●中世のマスタード

中世において、マスタードは貧しい人々の調味料だった。輸入もののスパイスは高価だったため、大半の人々には手が届かなかった。その代わりに、タマネギ、ニンニク、パセリ、タイム、マスタードなど、地元で栽培されるありふれた調味料が広く使われた。[4]

マスタードも含め、中世のスパイスは、食品の風味付けだけでなく、食品のバランスをとるためにも使われた。古代ギリシアの医学者ヒポクラテスが提唱し、ガレノスをはじめとするローマ帝国時代のギリシア人医学者が発展させた食餌規則によると、スパイスは食品と体液のバランスをとることができるという。

当時の医学体系のひとつに、4種類の体液を気質と健康に結びつけて説明する四体液《よんたいえき》説がある。四体液とは黒胆汁《こくたんじゅう》、黄胆汁《おうたんじゅう》、粘液、血液のことで、この説によると、人体はこれらの物質で満たされており、健康でいるためにはこの4種類の体液のバランスが整っていなければならない。この四体液は四大元素、すなわち土、火、水、空気（または風）と関連している。また、四季、人生の4つの年代［子供・青年・壮年・老年］、特定の臓器とも結びつけられている。

体液を治療する際に、食物はバランスの崩れの改善に直接的影響をおよぼすと考えられていた。食物の特性はふたつの質、すなわち温度（温・冷）と湿度（湿・乾）の組み合わせで定義されていた。温・湿の性質をもつ物質は快活、冷・湿の物質は無気力、冷・乾の物質は憂鬱、温・乾の物質は短気につながる傾向があるとされた。コショウ、シナモン、マスタードなど温・乾の特性をもつスパイスは、肉料理のような冷・乾の食材を消化しやすくするために使われた。マスタードは温・乾の第4段階（最高位）にあり、この熱の段階の食材は単独で食べると危険が伴う可能性がある。

イタリア人の名医、シエナのアルドブランディーノは著書『養生訓 *Regimen sanitatis*』（1500年）のなかでマスタードについて、「ビネガーで薄めれば熱が和らぎ、新しいワインで薄めれば乾が和らぐ」と書いている。ベル果汁（未熟なブドウをわずかに醱酵させた酸味の強い果汁）やビネガーはどちらも冷の液体なので、マスタードの効力を「和らげる」と考えられたのだろう。[5]

14世紀のミラノの医師、マグニヌス（マイノ・デ・マイネリ）は『風味に関する小冊子 *Opusculum de saporibus*』（1364年）で、本一冊をすべてソースに関する記述に充てている。彼は風味を栄養の指針となるべきものと論じ、美味なソースは消化と健康を増進させると主張した。ルッコラ、マスタード、香料、ベル果汁、豚肉の脂肪を白タマネギ、バター入りチーズ、牛の骨髄とともにすり鉢ですってつくるマスタードソースはゆでた豚肉に合う、と勧めている。このソースは、アーモンドミルクとザクロのワインかベル果汁、香料、ベル果汁で溶いた卵でつくることができるという。[6]

中世後期になると、プロの料理人とは、何よりも雇い主の健康を第一に考え、食欲をそそる料理のつくり方を知っている者であるとされた。そのため、食材のあらゆる「有害」な性質に関する知識をもち、それらを相殺する料理法を熟知していなければならなかった。たとえば、15世紀のルネサンス期の文筆家で美食家のプラティーナことバルトロメオ・サッキは、「豆は温・湿だが、オレガノ、コショウ、マスタードを少し加え、辛口ワインとともに食するとその有害な性質を和らげることができる」と書いている。

16世紀になると、料理と医療の間で対立が起きた。フランス人栄養学者シャルル・エチエンヌはマスタードに対して批判的であり、マスタードシードとビネガー、ピクルスでつくったソースを非難した。塩、ベル果汁、ビネガーを「野卑《やひ》な調味料」と呼び、多くのソース、とりわけマスタードソースは胃に害をおよぼすと考えた。[7]

ルネサンス後期には、ソースはもはや栄養学的基準に従って肉類の害を和らげたり栄養を補強したりするためのものではなく、肉料理の食味を向上させるためのものと考えられるようになった。バターや肉汁を使ったソースが宮廷で流行するようになると、一般大衆にも広まっていった。ヨーロッパでは18世紀になると、栄養摂取の指針や食材の薬効への関心は薄れていた。

◉マスタード壺

ヨーロッパでは何世紀もの間、ガラスや陶器、銀や錫《すず》などの素材の違いはあれ、マスタードを入れた壺のない食卓は考えられなかった。

フランスのディジョンでは、マスタードは釉薬《ゆうやく》をかけた背の高い陶器の壺に入っている。マスタードは空気にふれると色が黒ずみ風味が落ちるので、それを防ぐために、細い首で、注ぎ口のふちを反らせた形に作られた。当初は製造者の名前が壺に手彫りされていたが、後にローラー印刷やステンシルで記入されるようになった。

14世紀のイタリアのファエンツァでは、きめの細かい陶器のマスタード壺が作られた。16世紀のオランダのデルフトでは、錫釉《すずゆう》をかけた青と白の陶器のマスタード壺に東洋風の装飾が付けられた［日本の伊万里焼の影響を受けたもの］。

17世紀以降は、脚と半球型の蓋がついた金属製の壺が流行した。蓋にはスプーンが入るように隙間が空けられ、細かい装飾が施されているものもあった。

表面に琺瑯（ほうろう）を施した銅製のマスタード壺。イギリス、サウス・スタッフォードシャー（1770年頃）。

アメリカン・パリアン磁器のマスタード壺（1830～70年）と18世紀ドイツ製の銀製スプーン

◉基本のマスタード

今日の基本的なマスタードは、マスタードシード（イエロー、ブラウン、ブラック）の粉、粒、あるいは砕いたものと水、ビネガー、調味料、それにターメリックやパプリカなどのスパイスを混ぜて作られる。

イエローマスタードの場合、粉末の塩やスパイス（材料の5パーセント）に水（60パーセント）とビネガー（20パーセント）を混ぜ、最後にマスタードシード（15パーセント）を加える。これを高速で攪拌して混ぜたあと石臼に移し、ドロッとしたクリーム状の黄色いマスタードになるまですりつぶす。この作業によってマスタードは60度まで暖まる。

ここで手袋をはめた指で少量のマスタードを金属板に伸ばし、なめらかさのテスト（フィネステスト、あるいはスリックテストと呼ばれる）を行い、粒が十分に細かくなっているかを確認する。その後空気抜きをして一晩冷まし、翌日瓶詰めされる。ディジョンマスタードとイングリッシュマスタードの製造プロセスは多少異なるが、それについては後述する。

◉辛みの秘密

マスタードシードは、粉砕するまでは辛くない。マスタードとその近縁種の組織のなかには2種類の防御物質［生物がほかから捕食や攻撃を受けたり、刺激されたりしたときに放出する化学物質］があり、何かに接触するとマスタード独特の匂いを放つ。

その防御物質とは、フレーバー前駆体（グルコシノレートと呼ばれる）および前駆体に作用して匂いを放出させる酵素（ミロシナーゼ）だ。植物細胞が損傷したり、種子が粉砕されたりするとこのふたつの物質が混じり合い、苦くて辛みのある、嫌な匂いを発する化合物を生成する。これはキャベツ、ブロッコリー、タマネギでも同様だ。お湯やビネガーを加えるとミロシナーゼ酵素が不活性化するので、マスタードはマイルドになる。

温度の上昇はフレーバー前駆体の量に影響を与える。温度が上がって湿度が下がるとフレーバー前駆体は増加し、温度が下がって湿度が上がるとフレーバー前駆体は減少する。そのため、気温が高く、湿度の低い地域で収穫されたマスタードは辛みが強くなる。

マスタードシード、とりわけブラックマスタードシードは、グルコシドの仲間のグルコシノレートのひとつ、シニグリンを含んでおり、イエローマスタードも量は少ないが含んでいる。シニグリンを含む植物組織がつぶれるか、何らかのダメージを受けると、ミロシナーゼ酵素がシニグリンを分解し、マスタードの辛み成分であるマスタードオイル（アリルイソチオシアネート）が生成される。ホワイトマスタードシードは別種のグルコシノレートであるシナルビンを含んでいるため、これでつくったマスタードは辛みがかなり弱いものになる。

食品科学ライターのハロルド・マギーは、マスタードの辛みは「味でも匂いでもないが、痛みに近い刺激を感じさせる」[8]、と書いている。人間がマスタード（そして近縁種のホースラディッシュやワサビ）に辛みを感じるのは、食品から空気中に放出されたチオシアン酸塩の小さな分子が鼻腔に入って神経の末端を刺激し、それによって痛みを感じたというメッセージが脳に伝わるからだ。マスタードシードを水に浸したり細かく切ったりすると、この分子の放出が増えて辛みや痛みが増す。醱酵や加熱といった処理がなされると、辛みや刺激は軽減する。

マスタードの辛みについては、私たちはアオムシに感謝すべきかもしれない。カラシナはグルコシノレートを生成することによって昆虫から身を守っている。だが、モンシロチョウの幼虫アオムシをはじめ、昆虫のなかには数百万年におよぶ進化のなかで、こうしたグルコシノレートに対する抵抗力を身に付けたものがいる。そうした昆虫はカラシナの葉を食べることができるため、カラシナはアオムシから身を守るために、より多くのグルコシノレートを生成するようになった。だがやがてアオムシが適応し、カラシナはさらに多くのグルコシノレートを生成するようになる——それが繰り返された。

このたがいに優位に立とうとする競争によって、カラシナもモンシロチョウも多様化した。現在ではカラシナは120種類以上のグルコシノレートを生み出している。

マスタードの辛みについて述べてきたが、マスタードガスのことが頭に浮かんでくる読者もいると思う。実はこの物質はカラシナとは何の関連もない。マスタードガスは硫黄を含む化学兵器で、第一次世界大戦で使用するために合成されたものだ。ただ単にマスタードに似た匂いがするためにこの名前が付けられたにすぎない。

第2章 ◉ マスタードの歴史

◉マスタードの起源

現在知られているうちで最古のマスタードシードは、中国西部にある遺跡の器の中から発見された紀元前４８００年のものだ。これは辛みの強いブラックマスタードで、今日ではあまり広く栽培されていない。ブラックマスタードの起源はインド北西部、ホワイトマスタードとイエローマスタードは地中海沿岸地方だ。しかしながら、北西ヨーロッパにあるローマ帝国時代の軍事拠点、農耕地域、居留地でブラックマスタードが発見されていることから、これらの地域でも小規模ながら局所的に栽培されていたことがうかがわれる。[1]

古代ギリシア人やローマ人は、マスタードシードを加工して、なめらかな香りのよい医療用ペーストをつくっていた。医療に使えることがわかると、すぐに家庭でも使われるようになった。ローマ人はマスタードシードを未醗酵のブドウ果汁と混ぜ合わせて、「熱い果汁（Mustum Ardens）」と呼ぶものをつくり出した。

ローマ人は調味料のマスタードをガリアやブルゴーニュ地方へ持ちこんだが、マスタードは地中海沿岸全域で自生していた可能性が高い。マスタードの栽培は9世紀にはフランスで盛んに行われており、フランスからドイツ、さらにイギリスやスペインへ広がった。

南北アメリカ大陸にマスタードを伝えたのは、18世紀にアッパー（アルタ）・カリフォルニア［現在のカリフォルニア州、ネバダ州、ユタ州、アリゾナ州北部、ワイオミング州南西部］を植民地支配していたスペイン人と考えられている。

中世ヨーロッパではマスタードは雑草のように自生しており、貧しい人々はコショウの代用品として使っていた（当時コショウは高価な輸入品のスパイスだった）。ルネサンス期には、有名なビネガー製造者が出来合いのソースとして販売し、マスタードは特権階級の食卓に上るようになった。18世紀にはマスタードソースの生産の工業化が進み、19世紀初頭には一般大衆にも調味料として使われるようになった。

数世紀の間に、いくつかの国がマスタードの製造で知られるようになった。それぞれの国はスムースマスタードから粒マスタード、粉末マスタードまで、色、辛み、食感で特徴を出

オリーブオイル入り白トリュフ風味のゴールドマスタード

マスタードシード、粉、ソース。

していった。マスタードには、ディジョンマスタード、イングリッシュマスタード、アメリカンイエローマスタード、バイエルンのスイートマスタード、日本のカラシ、インドのベンガルのカスンディとフルーツマスタード、イタリアのモスタルダなど多くの種類がある。

◉フレンスのマスタード

フランスでは、マスタードは調味料の王様だ。中世から、マスタードはパリで、あるいはボルドーやブルゴーニュなどのワインの産地で製造された。といっても、フレンチマスタードは1種類だけではない。粒入りの昔風マスタード（moutarde à l'ancienne）から粗く砕いた種子が入ったモー産マスタード、ボルドーの黒っぽいマスタードからボージョレのクラレット色（濃い赤紫色）のマイルドなマスタード、ブリーブ産の紫がかったバイオレットマスタードまでさまざまだ。ほかにも、果物、ハーブ、スパイスで風味を付けた多くの種類がある。

マスタードがフランスに入ってきたのは、ローマ人がガリア（現在のフランス）を征服して属州とした時代で、そのときブドウ棚、水道橋、道路、いくつかのレシピも持ちこまれた。フランク王で後に神聖ローマ帝国皇帝、カール大帝となったシャルルマーニュは、800年代初頭に大陸の大部分を支配下におさめたのち、ヨーロッパの父とも呼ばれたが、フランスの修道院の庭園でマスタードを栽培するよう命じた。そのため、フランスにおけるマスタードの生産はこの時代に始まったとされる。その後数世紀の間に、フランス、とりわけブルゴーニュの首都であるディジョンはマスタードで有名になった。

フランス語でマスタードを意味する moutarde とその種子を意味する sénevé がフランス語に導入されたのは、13世紀のことだ。マスタードの製造者と販売者はムータルディエ（moutardier）と呼ばれた。職業としてのムータルディエが最初に登場するのは1292年のパリの国勢調査である。[2] 13世紀のパリの執政官エティエンヌ・ボワローは、当時パリの商業の状況を詳細に記述した職業規則集を出版した。

このフランスの職人に関する最古の出版物はまた、ビネガーやビネガーをベースにしたソースを路上で売るビネガーの製造販売人（vinaigrier）にマスタードを製造する許可を与えている。19世紀のフランスの作家アレクサンドル・デュマによると、13世紀のパリでは、夕飯時になると、叫ぶ人《クリエ》と呼ばれる専門の物売りが「マスタードソース」と大声を張り上げながら通りを駆け抜け、出来立てのマスタードを売っていたという。[3]

14世紀になるとディジョンでのマスタード製造は法令によって管理されるようになり、マスタードは高級食材としての地位を確かなものにした。シャルル5世の料理長でタイユヴァンという愛称で呼ばれたギョーム・ティレルは、その著書『食物譜 *Le Viandier*』（1390年出版）に、マスタード・ソップ［ソップは主にパンをスープなどに浸して食べる料理］の風変わりなレシピ――四角いトースト全体にマスタードをかけたもの――を掲載している。タイユヴァン――フランス語で「風を切る」という意味だが、そこから「軽い帆」という意味で使われていて、彼の特徴ある鼻から付けられたあだ名だと思われる――は歴史上初めてフランス王から料理長に任命された人物で、そのためヨーロッパで初めてシェフの著名人になった。この本をすべて彼が自分で書いたかどうかは疑わしいが、この歴史的に重要な出版物を読むと、中世のフランス王族が何を食べていたかを垣間見ることができる。

同時期の『パリの家政書 *Le Ménagier de Paris*』にもマスタードのレシピが掲載されている。

『ビネガーを売る人』ニコラス・ラルメッシンの版画（17世紀）

1393年に書かれたこの中世の指南書は、女性に上手に家庭を切り盛りし、適切な結婚生活を維持する方法を教えるものだ。ガーデニングのコツや家計のやりくり、性的なアドバイスのほかにレシピも含まれている。かなり年長の男性が若い妻に言い聞かせるような文体で書かれていて、中世の料理本のほとんどがそうであるように、マスタードのレシピも正確なつくり方の説明というよりは、大まかな指示として紹介している。マスタードはホワイティング［タラ科の食用魚］、シタビラメ、イワシなどの魚料理だけでなく、牛タンや雌牛の乳房の肉といった肉料理の調味料としても言及されている。

フランスのマスタードで有名な町といえば、パリから東へ40キロほど離れたマルヌ川沿いのモーもそうだ。この町では、17世紀に地元の岩から切り出した石臼でマスタードシードを挽いていた。この辛みが強いスパイシーなマスタードは、18世紀から19世紀初頭に活躍した美食家ジャン・アンテルム・ブリア゠サヴァランから、「モー以外はマスタードではない！」と激賞されている。モーはブリーチーズの産地としても、また、ビクトリア朝時代のイギリスで著名な料理人となったアレクシス・ベノア・ソイヤーの生誕地としても知られている。

ソイヤーはその一風変わった経歴を通じて、イギリス人兵士の食事の改良、ガスコンロや冷水を使った冷蔵庫、温度調節付きのオーブンの発明に取り組んだ。また、「ソイヤーのレリッシュ」［ピクルスの一種。野菜をきざんで甘酢漬けにしたもの］、「ソイヤーのソース」、「ソイヤーの香り高いマスタード」を考案し、特にこのマスタードは「本物のマスタードシードとさまざまな香り高いスパイスの絶妙の組み合わせで、この調合は他のあらゆるマスタードの追随を許さない」[4]と評された。また、きわめて辛みが強いため、「美食家も思わず涙を流した」[5]とソイヤーは自著で書いている。

●マスタードの町　ディジョン

1634年、ディジョン市がマスタード製造業者の同業組合を初めて登録した。この組合は、高品質を確保し、同時に競争の激化を防ぐため、マスタードの生産量の上限を定めるものだった。18世紀、同組合は最終的にマスタードシードの製粉技術の特許を取得し、はれて「ディジョンマスタード Moutarde de Dijon」が確立された。特許が認められたこの製法では、ブラウンマスタードシードにブルゴーニュのベル果汁を加えて石臼で挽くため、きわめて繊細なマスタードペーストの過熱を防ぐことができた。

ディジョンマスタードに独特の品質をもたらしたのは、ベル果汁を多めに加えたことだと言われている。この「緑色のブドウ果汁（verjuice）」（中世フランス語の vertjus に由来）をソースの材料に使う方法は中世のヨーロッパ全域に普及していた。ベル果汁によって料理の温度を下げ、その酸味によってスパイスの辛さのバランスをとることができた。16世紀には、ブルゴーニュはすでにベル果汁で有名になっていた。

中世以後、材料にベル果汁を使ったマスタードの風味の良さが認められるようになった。さらに、果汁に含まれる酸がマスタードエキスの生成をうながし、安定させることが解明された。ベル果汁は、「ブーデラ bourdelas」という大きな粒を付ける酸味の強いブドウから造られた（このブドウはなかなか成熟せず、成熟してもワインの原料としては酸っぱすぎた）。もうひとつの製法は、まだ熟していないために収穫の時期に採取できないブドウを使うというものだ。この場合、どんな品種のブドウでも使うことができた。

19世紀半ば、ヨーロッパのブドウ園に害虫のフィロキセラ（ブドウネアブラムシ）が大発生したとき、ヨーロッパで栽培されていたヴィニフェラ種（bourdelas）はアメリカの品種よりフィロキセラに弱かったので、ブドウの生産量を確保するためにシャルドネやピノ・ノワールといった上質な品種に植え替えられた。ところがこれらの品種はマスタードには上等すぎたため、ブルゴーニュではこの時代から、マスタードの製造にはベル果汁ではなくビネガーが用いられるようになった。

何世紀もかけて、マスタードはますます洗練と悦楽の代名詞的存在になっていった。19世紀初頭、製造業者たちはたがいにマスタードの品質や香りの良さを競い合った。１８５０

年頃、フランスに初めて産業革命が波及すると、マスタードの製造過程は完全に機械化された。モーリス・グレイはマスタードの生産を自動化する機械を発明し、その功績によって1853年にディジョン科学・芸術・文化アカデミーから金メダルを授与された。さらに1860年には、フランス皇帝ナポレオン3世へのマスタード納入業者となった。

ディジョンの粒マスタードのブランドとして、モーリス・グレイとオーギュスト・プーポンを事業主とするグレイプーポン社が誕生したのも同じ頃で、1866年だ。同社のマスタードが新世界で「人生を楽しむためのぜいたく品のひとつ」と称されるようになるのは、その1世紀ほどのちのことだ。

現在ディジョンマスタードは、全粒のブラウンマスタードまたは数種類のシードをブレンドしたものと、(昔のレシピにあるベル果汁に似せるための)白ワインビネガーと白ワインを混ぜたものから作られる。これらの材料をタンクに入れ、12時間醱酵させたあとに混ぜると、濃密な風味が生まれる。だからディジョンマスタードの製造にはイエローマスタードより時間がかかる。また、イエローマスタードの倍量のシードを使い、それでいて水は20パーセント少ないので、粘度が高く、色も濃い。

ディジョンマスタードやブルゴーニュマスタードの場合、なめらかでクリーミーなマスタードにするために砕いたシードから殻を取り除くが、粒マスタードの場合はシードを丸ごと使

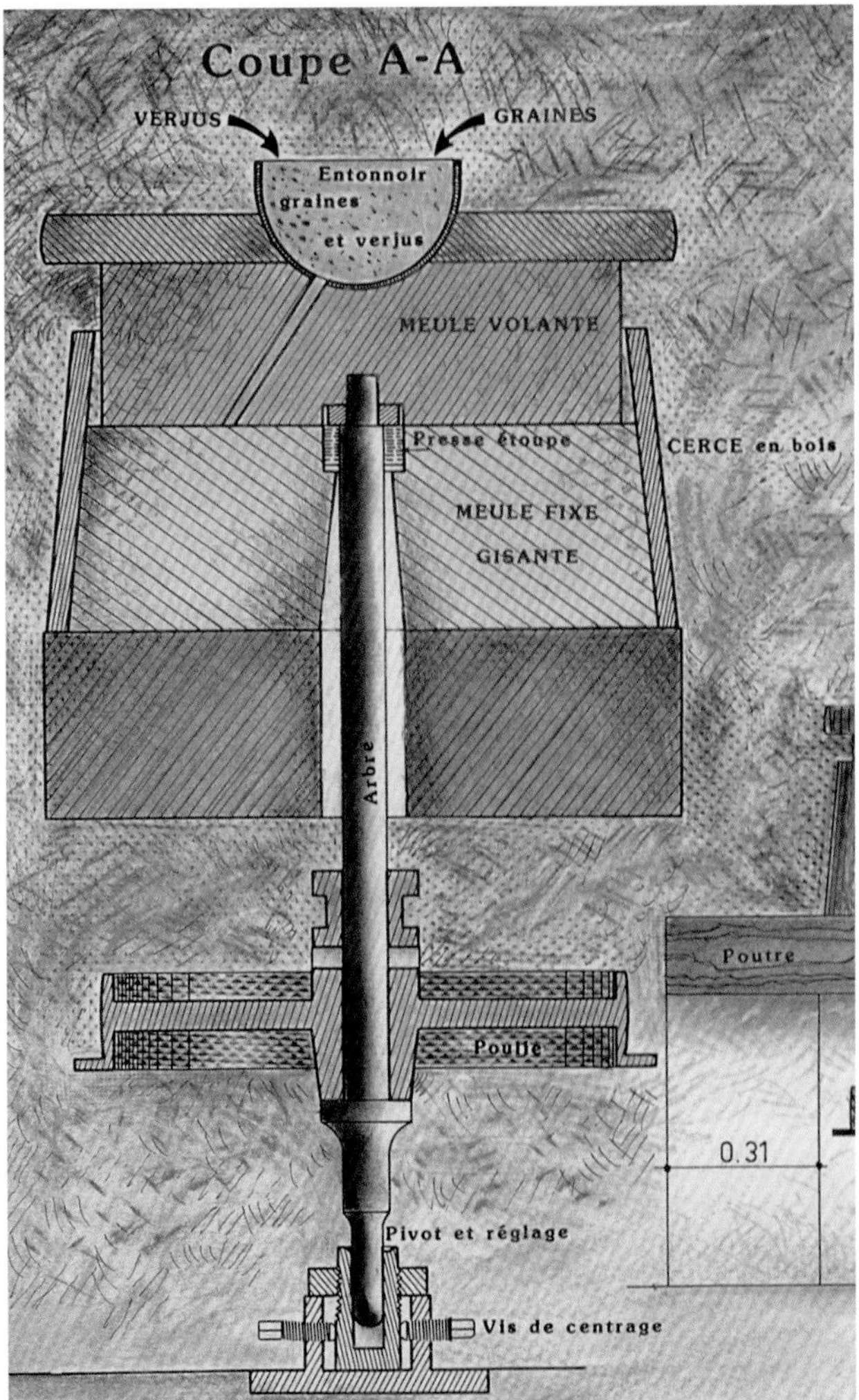

モーリス・グレイのマスタード製造機のスケッチ（19世紀）

う。

マスタードは、炭焼き窯のある炭焼き小屋の周囲で多く栽培されていた。第二次世界大戦まで、ブルゴーニュの森林地帯には多くの炭焼き窯があった。小屋の周囲に捨てられた炭焼きの灰には炭酸カリウムが豊富に含まれるが、これがカラシナの生育を促進した。炭焼き職人からマスタードシードを集め、それをディジョンのマスタード製造者に売るのを商売にしている人もいた。しかし木炭の需要が減るとともに、ディジョンマスタードの生産高も減少していった。

今日では、ディジョンにはもはやマスタード製造者は存在せず、石臼を使った製造方法もほとんど姿を消した。春にフランスを旅すると、黄色い花で埋めつくされた原っぱを目にするだろう。カラシナの花に似ているが、実際は菜の花で、カラシナそっくりの花を付ける。

フランスはマスタードシードの90パーセント近くをカナダから輸入している。1937年にAOC（原産地管理呼称）認証制度によって原料と製法が規定されてからは、ディジョンマスタードは、実際にディジョンで製造された製品としてではなく、その材料と製造方法を守るためのレシピとして認識されるようになった。そのため、マスタードシードや製品は、ディジョン以外の地域から持ちこまれたものである可能性もある。

ブルゴーニュ地方の人々は昔から美食家として名を馳せており、ディジョンの住民は、現

ディジョンマスタードの壺と子供たち、フランソワ・ルイ・ランファン・ド・メスによる絵の一部。木製画板に描かれた油絵（19世紀）。

在では規模はずいぶん小さくなったが、昔からマスタードを自作していたことで知られている。ディジョンマスタードは昔からエリート意識の高い食べ物の象徴で、２００９年には政争の火種にもなった。元アメリカ合衆国大統領バラク・オバマが、ハンバーガーにケチャップか普通のマスタードではなく、ディジョンマスタードを所望したために、アメリカの保守的なメディアから批判されたのだ。この事件は、ウォーターゲートならぬ「ディジョンゲート」スキャンダルとして、マスタードの歴史にきざまれることになった。

◉マスタードへの愛　アモラ

ディジョンマスタードの歴史のなかで重要な節目は、今日でもフランスのビストロのテーブルでよく目にする。そこに置いてあるのはたいていアモラ社のボトルだ。この人気ブランドは、18世紀のビネガー造りの名人フランソワ・ネジョンまでさかのぼる。彼が「ビネガー造りの名人《メートル・ビネグリエ》」になったのは１７０３年のことだ。半世紀後、ネジョンの息子ジャンバティストがディジョンマスタードの製造法に大きな変革をもたらした。初めてビネガーの代わりにベル果汁を加えたのだが、これがマスタードを長期保存するための秘策となった。

アモラ社は19世紀に何度かの代替わりを経て。１９１９年にアルマン・ビズアールが家

ディジョンの陶器。アモラ社のマスタード・ディスペンサー（1925年頃）。

業を継ぎ、アモラという社名を登記した。自社のマスタードの風味に魅了されていたビズアールは、「マスタードへの愛（amor）、アモラ（Amora）と名づけよう！」と叫んだと言われている。１９３０年代の社主レイモン・サッシェは、エジプトの寺院を訪れた際に、アモラとはエジプトの太陽神の名（アモン・ラー）であることを知り、ビズアールの選択の正しさに感銘を受けた。数年後、この発見は宣伝広告に用いられた。

１９３０年代には生産の工業化が進んだ。この頃マスタードは健康増進のために用いられることが多く、しばしばフランスの諷刺画にも登場した。１９３４年には、従来の砂岩《さがん》の容器に代わってガラス瓶が用いられるようになり、それには「醜い壺に入っているマスタードにろくなものはない」という文字がきざまれた。１９３９年、アモラ社はグレイプーポン社を抜いてフランス一のマスタード生産業者になる。第二次世界大戦中に生産を一時中止したが、戦後にはほかの業者を買収してさらに成長し、市場を独占するまでになった。買収したなかにはレキット&コールマン社のサヴォラというブランドもあった。

１９４０年代、「アモラなくしておいしい料理は作れない」というスローガンとともに、アモラ社のマスタードは何百台ものトラックに積まれてフランス中に運ばれた。１９５３年、アモラ社のマスタードの瓶はガラス製の再利用可能な容器に進化し、諷刺画やラ・フォンテーヌ「17世紀フランスの詩人」の寓話詩や漫画のテーマにちなんで「ジブロー（Givror）」

アモラ・マスタードの広告（1961年）

アモラ社の「装飾のついたガラス製の容器」の広告（1934年頃）

と名づけられた。

１９８０年代からは、スパイダーマン、スマーフ、ネモといった漫画の主人公や、『スターウォーズ』などの映画からライセンス契約を結んだうえで、ガラス製容器をシリーズ化させた。このユニークな販売促進活動により、アモラ社のマスタードはフランス人の生活の一部になり、巨大企業のダノン社、のちにはユニリーバ社に買収されたあとも、普段使いの手頃な調味料として人々に親しまれた。

●高級ブランド　マイユ

マイユという名前が最初に知られるようになったのは１７２０年、ちょうどペストが大流行して南フランスで多数の死者を出した頃だ。酒とビネガーの製造者だったアントワーヌ・マイユは、殺菌効果があり、

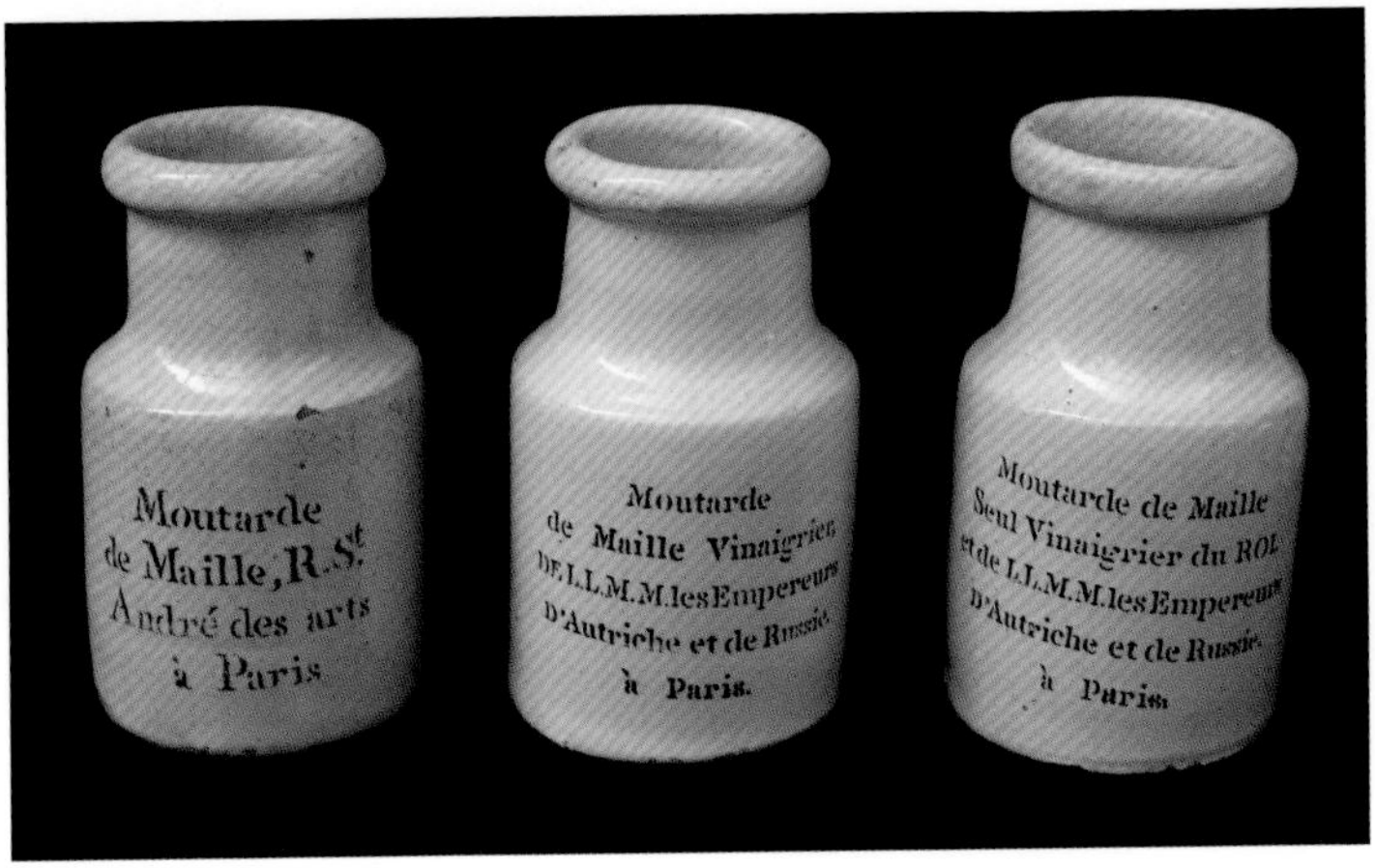

フランスのマイユ社のストーンポット(18世紀)

体に塗ると感染予防になるとされたビネガーをマルセイユの人々に提供した。彼は「マイユの店(Maison de Maille)」を設立し、1747年にパリのサン・タンドレ・デ・ザール通りに店を出した。

18世紀のマスタード製造業者は競い合うように新しいレシピを生み出したが、なかでもアントワーヌ・マイユは最も発明の才に長けていた。彼はニンニク、シャルトルーズ(フランスのリキュール)、ケイパー、キンレンカ、タラゴン、トリュフで風味を付けた20種類以上のマスタードを開発した。

1770年代になると、マイユの成功によって、オーストリア、フランス、ハンガリー、ロシアの王室から注文が入るようになった。アントワーヌ・マイユの死後は息子が事業を引き継ぎ、1845年にディジョンに最初の店を開いた。

息子のアントワーヌ=クロード・マイユは、父親の名声をさらに高めた。ビネガー、マスタード、数種類の調味料を販売して大成功を収め、フランスのルイ15世をはじめ、ヨーロッパ中の王や女王にビネガーとマスタードを供給する王室御用達業者となった。彼は衛生と美容の分野へも進出し、スキンケアからヘアケア、うがいや入浴用にビネガーを使った製品を開発した。「ビーナスのビネガー」といった心をそそるネーミングにより、マイユが開発した製品はヨーロッパ中の貴族の女性に大人気となった。1930年にマイユ一族の最後の血縁者が亡くなると、会社は数人の所有者のもとで事業拡大の時代に入った。

大きく事業を拡大し、買収を繰り返したあとも、マイユはフランスをはじめ多くの国で高級ブランドとして認められ、創業以来の粒マスタードや、高級な材料を使った調味料で知られている。今日ディジョンやパリの店舗を訪れると、高級な生搾りマスタード「ア・ラ・ポンプ(a la pompe)」を瓶に注いでもらえる［店舗では生ビールのようにサーバーから容器に注いでくれる］。また、タラゴン、ハチミツ、マヨネーズ(「ディジョネーズ」と呼ばれる)など定番の組み合わせや、シャンパン、コニャック、黒トリュフのような奇抜な食材で風味を付けたマスタードの詰め合わせを購入することもできる。

マイユの優雅なキャッチフレーズ「Il n'y a Maille qui m'aille(私の口に合うのはマイユだけ)」は、これまでそうであったように、今日でもこの高級ブランドにぴったり合っている。

世界中のデリカテッセンで目にするのは、やはりマイユ社のディジョンマスタードなのだ。

◉復活するブルゴーニュ

フランスでは有名ブランド以外にも、何年も前からマスタードの栽培を再開しようとする試みがなされてきた。ブルゴーニュ地方でのマスタード製造の復興は、「ブルゴーニュのマスタード」がＰＩＧ（地理的表示保護）〔品質や社会的評価など確立した特性が産地と結び付いている産品について、その名称を知的財産として保護する制度〕に認定されるとともに始まった。

２００９年から地元の製造業者はＰＩＧのラベルを使えるようになり、今日ではテメレール、レンヌ・ド・ディジョン、エドモン・ファロといった家族経営の職人かたぎの製造業者がブルゴーニュマスタードを生産している。そのマスタードには、ブルゴーニュで栽培されたマスタードシードと、ブルゴーニュ産の白ワイン（アリゴテまたはシャルドネ）が25パーセント以上含まれていることが条件だ。

ブルゴーニュ地方のボーヌで１８４０年から開業している同族会社のエドモン・ファロは、地元で栽培したマスタードシードをブルゴーニュワインと組み合わせて、ブルゴーニュマスタードを生産している。現在の社長であるマルク・デザールメニアンは、マスタードシード

「この犬も……知っている」、ファロ社のひと昔前の広告。

を低速で粉砕するために石臼を使うなど、その伝統製法を守りながら、会社を近代化する選択をした。エドモン・ファロ社では今でも石臼でマスタードシードを挽いているが、そうすることで風味と辛みを損なわずにすむという。

ファロ社の「マスタードミュージアム」を訪れると、アトリエを見学でき、そこには、マスタードシードを石臼で挽くまで保存しておくホッパー［穀物などを一時的に蓄えるじょうご型の大きな容器で、下の口を開けて中身が容易に取り出せるようになっている］が展示されている。「マスタードバー」では、ディジョンマスタードと同じように、最高級のマスタード――粒マスタードやブルゴーニュマスタード――だけでなく、ピノノワール・マスタードやバジル入りディジョンマスタード、ジンジャーブレッド・マスタードのような新しいレシピによる製品も、でき立てを容器に詰めてもらうことができる。

数年前から、ファロ社は熟す前に採取したブドウからベル果汁を生産している。現在のところ、マスタードの生産に使えるほど十分な量は生産できていないので、主に料理に使われているが、シェフたちの手によってベル果汁を使った料理がふたたび流行のきざしを見せている。実際、ファロ社はポール・ボキューズやジョエル・ロブションら、フランス最高のシェフたちから認められてきたブランドだ。

フランス中南部リムーザン地方の町、ブリーブで作られるバイオレットマスタードは、マ

ブドウのマストから作られるバイオレットマスタード。ブリーブ（フランス）。

スタードシードと黒ブドウのマスト、ワインビネガー、スパイスを混ぜたものから作られる。黒ブドウのマストによってマスタードに紫の色合いとフルーティーな甘みが出て、シナモンやクローブなどのスパイスを加えることで複雑な風味が生まれる。バイオレットマスタードの使い方は、その他の種類のマスタードとほとんど同じだ。ブリーブでは、有名なリムーザン産の牛、子牛、鴨、ブラッドソーセージ［血液を材料として加えたソーセージ］、コールドカット［スライスした冷製の調理済み肉］に添えて食される。ソースやビネグレット（フレンチドレッシング）の材料としても絶品である。

◉ベルギーのマスタード

ディジョンからイギリスへ伝わる間に、マスタードは西ヨーロッパの低地地域にも影響を与えた。オランダとベルギーでは、フローニンゲンマスタード、リンブルフマスタード、ゲント（ヘント）マスタードなど、さまざまなスタイルのマスタードが生産されるようになり、ディップとして、あるいはサンドイッチやマスタードスープに使われている。ベルギーのゲント（ヘント）にあるティーレンタイン社は、1818年からマスタードの製造を続けてきた。

ストーンポットに入ったティーレンタイン・フェルレント社製ベルギーのマスタード

ティーレンタイン家で初めて古都ゲント（ヘント）でマスタードを製造したのはペトルス・ティーレンタイン（1788〜1857年）で、伝説によると、彼はナポレオンが兵士とマスタードの作り方について話しているのを小耳にはさんだのがきっかけらしい。だが、ゲント（ヘント）に住むフランス人からこの調味料に対する需要が生まれたために、ペトルスがマスタードの製造を始めたというほうが信憑性は高いように思える。

創業間もない頃は、マスタードシード、ビネガー、塩をすり鉢で挽いてマスタードを製造していた。この製法はひじょうに手間がかかるため、製品はかなり高価だった。1842年、ペトルス・ティーレンタインはマスタードの製造に使用する蒸気機関を苦労して入手し、より多くの人の手に届く調味料にすることに成功する。店は「ユジーヌ・ア・ヴァプール（蒸気の工場）」として知られるようになった。

ペトルスには7人の子供がいて、そのうちフェルディナンド・ティーレンタインとアウグストゥス・フランシスカス・ティーレンタインのふたりが家業を継いだ。フェルディナンドは自分でも「蒸気の工場」を設立し、最初から卸売業者への販売に重点を置いたが、アウグストゥス・フランシスカスは自分が経営する食料品店で消費者に販売するほうに関心を示した。どちらの会社もほかの家系に買収されたが、現在も存在してマスタードを作りつづけている。

アントワープに拠点を置いた著作家ヴィレム・エルスホットは、フェルディナンド・ティーレンタインを宣伝するために数多くの詩を書いた。それらの詩は1949年から1959年まで毎年『スヌークス年鑑』に発表され、のちに小冊子に集められた。[6] 詩にはゲント（ヘント）のフェルディナンド・ティーレンタインのマスタードがいかにすばらしいかが描かれている。

最も貧しい男も最も裕福な男も
マスタードなしでは満足できない
どんなに豪華な食事も味気ないが
マスタードを加えたら別物になる

フランシスカス・アウグストゥスのマスタードは、ティーレンタイン・フェルレントの名前で、今もゲント（ヘント）の中心部グルーンテンマルクト広場にある古い店で製造され、直接消費者に販売されている。

レシピは現在もとてもシンプルで、材料はマスタードシードにビネガー、塩だけで添加物や香料は一切含まれていない。そのため、冷蔵庫に入れておけば2～3か月は保存できる。

樽からマスタードを注ぐカトリーヌ・ケッセン（ティーレンタイン・フェルレント社の現社主）

このマスタードは、ホースラディッシュを思わせるように辛みが強く、なめらかな食感だ（マスタードシード入りのものはザラザラしている）。今でも店では、客が店で購入あるいは持参した容器にマスタードを木製の桶から大きな木のスプーンで注いでくれる。

●ドイツのマスタード

マスタードはドイツではゼンフまたはモストリッチと呼ばれ、挽いて粉末にしたさまざまな品種のマスタードシードを、ビネガー、オイル、ハーブ、甘味料と混ぜて作られる。食感はなめらかなものから粗挽きのザラザラしたものまで、色は黄色から茶色、味も激辛から甘いものまである。甘酸っぱい味わいのデュッセルドルフ・マスタードは最も有名なドイツのマスタードのひとつだ。

デュッセルドルフは、1726年にドイツで最初にマスタード工場が設立された町だ。デュッセルドルフ・マスタードの特徴は、モスターペットヒェと呼ばれる青い文字が描かれた陶器の器に詰めて販売されることだ。器に書かれたABBの3文字は最初の製造業者アダム・ベルンハルト・ベルグラス（Adam Bernhard Bergrath）を表している。

国民から愛されているこのマスタードの容器は、フィンセント・ファン・ゴッホの有名な

フィンセント・ファン・ゴッホ『瓶と陶器のある静物』。キャンバスに油彩（1884年11月～1885年4月）。

静物画『瓶と陶器のある静物』にも描かれている。ファン・ゴッホはデュッセルドルフにほど近い場所でアマチュア画家に絵を教えていたことがあり、生徒に静物画を描かせている間にこの絵を描いたと言われている。

●ヴァイスヴルスト用マスタード

世界的に有名なドイツのマスタードといえば、バイエルンで製造される甘いマスタードということになるだろう。伝統料理としてヴァイスヴルスト（「白いソーセージ」の意）とともに食されるため、ヴァイスヴルストゼンフ（「白いソーセージのマスタード」）と呼ば

レーヴェンゼンフ社製の超辛口デュッセルドルフマスタード

ヘンデルマイヤー社製ハウスマハーゼンフ（「自家製マスタード」の意）。甘口のバイエルンマスタード。

れることが多い。オクトーバーフェスト［バイエルン州の州都ミュンヘンで毎年9月半ばから10月上旬に開催される世界最大規模のビール祭り］でバイエルンのマスタードを付けて食べるヴァイスヴルストは、アメリカの野球の試合でイエローマスタードを付けて食べるホットドッグのような存在だ。

ヴァイスヴルスト用マスタードは、19世紀のミュンヘンに住むヨハン・コンラート・デヴレイによって誕生した。デヴレイはフランスのユグノー派［フランスにおける改革派教会またはカルヴァン派で、迫害を受けた者は各国へ亡命した］出身の実業家で、フランス語圏スイスからバイエルンのリンダウ、アウクスブルクを経由し、そこで学業を終えたのち、ミュンヘンの土を踏んだ。

デヴレイはミュンヘンの中心地でマスタード工場を始めた。当時ミュンヘンでは、フランス風の中辛と辛口のマスタードが製造されていたが、デヴレイは甘口マスタードを見かけないことに目を付けた。1854年、デヴレイはイエローマスタードとブラウンマスタードに初めてビネガー、砂糖、スパイスを加えて煮た。のちにマスタードの粒を熱するのはやめて、代わりにブラウンの粉砂糖を加えるようになった。この最終調整を経て、甘口のバイエルンマスタードが誕生した。

この独特の甘いマスタードは、1873年のウィーン万国博覧会で進歩賞を受賞し、デヴレイはルードヴィヒ2世の宮廷から調達人に任ぜられ、バイエルン王室御用達となった。

◉イギリスのマスタード

マスタードはイギリスで広く栽培されている唯一のスパイスで、イギリスの食卓で使われる最も簡便な食材のひとつだ。この簡便さが、マスタードが昔から変わらずに愛用されている大きな理由である。食通は料理には粉末マスタードを使い、出来合いのマスタードは料理に添える薬味として使う。

マスタードは伝統的にローストビーフに添えて供されるが、カラシナの栽培地であるイースト・アングリア（イギリス東部の半島）では、牧畜より耕作農業のほうが広く行われているために、マスタードは狩猟鳥類、ウサギ、野ウサギ、そして沿岸地域では焼いたニシンと一緒に供されることが多い。カラシナの栽培地は主にイースト・アングリアに集中しているが、ヨークシャー地方やコッツウォルズ地方でもいくらか栽培されている。

イギリスで初めてマスタードを取り上げた料理書は、中世ヨーロッパで最も影響力のあった料理書のひとつでもある。この料理書はリチャード2世の料理長によって1390年に書かれた。これはギョーム・ティレルの『食物譜』が出版されたあとで、『パリの家政書 *Le*

Ménagier de Paris』が出版される前にあたる。この本は手書きの巻物で、『*The Forme of Cury*』と呼ばれた。ただしこのレシピ集のタイトル――「料理の方法」という意味――は1780年に再刊される際に付けられた。cury は中世フランス語の「料理をする」という意味の cuire に由来する。14世紀の原本は現在大英図書館に保管されている。この本に出てくるいくつかのレシピは、同じく14世紀に出版された中世の料理書、『厨房の書 *Liber de coquina*』の影響を受けているように思われる。

◉粉末マスタード

イギリスで粉末マスタードが知られるようになったのは1720年以降である。当時、マスタードシードはすり鉢で粗くつぶしてから殻を取り除いただけの、ザラザラした状態で料理に使われた。

1602年にロンドンで出版された、女性のためのレシピと家事のコツを集めた本、サー・ヒュー・プラット著『淑女のお気に入り *Delightes for Ladies*』では、著者はベネツィアで見たマスタードの粉を、目新しいものとしてイギリス人に紹介している。「ベネツィアでは、イギリスで小麦粉を売るように、市場でマスタードの粉を普通に売っている。この粉とビネガーを混ぜておくと、2、3日ですばらしく美味なマスタードができる」[7]。

1615年に出版されたイギリスの料理と治療法の本『イギリスの主婦 *The English Housewife*』には、マスタードとビネガー、またはマスタードとベル果汁でつくる野鳥料理用のソースのレシピが掲載されている。また、マスタードを使った膏薬《こうやく》の作り方も紹介している。

粉末マスタードをイギリスに広めたのは、ダラムに住むクレメンツ夫人だとされている。1720年、マスタードシードを挽き臼で挽いて品質の良い細かいマスタード粉をつくり出し、それがダラムのマスタードとして知られるようになったという。クレメンツ夫人はその製法を長い間秘密にし、マスタード粉で財を成したと言われている[8]。のちにマスタードシードの加工はあちこちで行われるようになったが、「ダラムのマスタード」という名前はそのまま残った。

◉マスタードボール

一方、イギリス西部のグロスターシャー州テュークスベリーは、マスタードボールで有名だ。ヘンリー8世が1535年にこの町を訪れたとき、金箔で覆われたテュークスベリー・

マスタードボールが進呈されたという伝説がある。

テュークスベリーの女性たちはよく地元の野原や川の土手で食材を採集していた。マスタードシードを鉄の挽き臼でつぶして粉にしてからふるいにかけてマスタードソースを作った。これに、テュークスベリーのあちこちに自生しているホースラディッシュの搾り汁を混ぜ、球形に丸めて板の上に並べて干したものがマスタードボールである。これを買った人は必要なだけを切り取り、水、または牛乳、リンゴ果汁、リンゴ酢に浸して「ドロドロした辛い」ソースをつくった。ウィリアム・シェイクスピア作『ヘンリー4世』では、フォルスタッフがポインズを「やつの頭の中身はテュークスベリーマスタードみたいにドロドロだ」と評している（第2部第2幕第4場）。

17世紀後半、英国の聖職者で歴史家のトーマス・フラーが1662年出版の『イギリス名士列伝 *The History of Worthies of England*』で書いているように、テュークスベリーマスタードはイギリスで最高のマスタードと考えられていた。[9] 1712年、地理学者で国会議員でもあったサー・ロバート・アトキンズは『新グロスターシャー史 *New History of Gloucestershoire*』で、テュークスベリーについて「最高のマスタードで見事にボールをつくる」と書いている。

グロスターシャーでは、いつも悲しげな、あるいは厳格で恐ろしい表情をしている人に対し、「彼はテュークスベリーマスタードを食べて生きているかのようだ」という言いまわしが俗語として使われるようになった。テュークスベリーマスタードの製造は19世紀初頭の一時期だけ途絶えたが、それはノリッジのコールマン氏が新しい粉末マスタードの製造法を考案した時期と一致する。[10]

マスタードボールは、最近までは注文が入ったときや、毎年7月に催されるテュークスベリーの戦いの再現など特別な機会にのみ製造されていたが、現在はロビン・リッチーとサマンサ・ラムジーが設立したテュークスベリーマスタード会社によって復活している。2013年以来、彼らは昔ながらのレシピ——粉末マスタード、細かくすりつぶしたホースラディッシュの根、白ワイン、ハチミツからつくる——に従い、地元の食材を使って手作業でマスタードを製造し、瓶詰めとボールの2種類を販売している。

◉コールマン

イギリスにおけるマスタードのレジェンドはコールマンで、唯一の製品を社名にしている数少ない会社のひとつだ。コールマン社の伝説は、ノーフォーク南部のノリッジから南へ約6・4キロのストーク・ホーリー・クロス村の西のはずれにあったストーク・ホーリー・クロス製粉所から始まった。

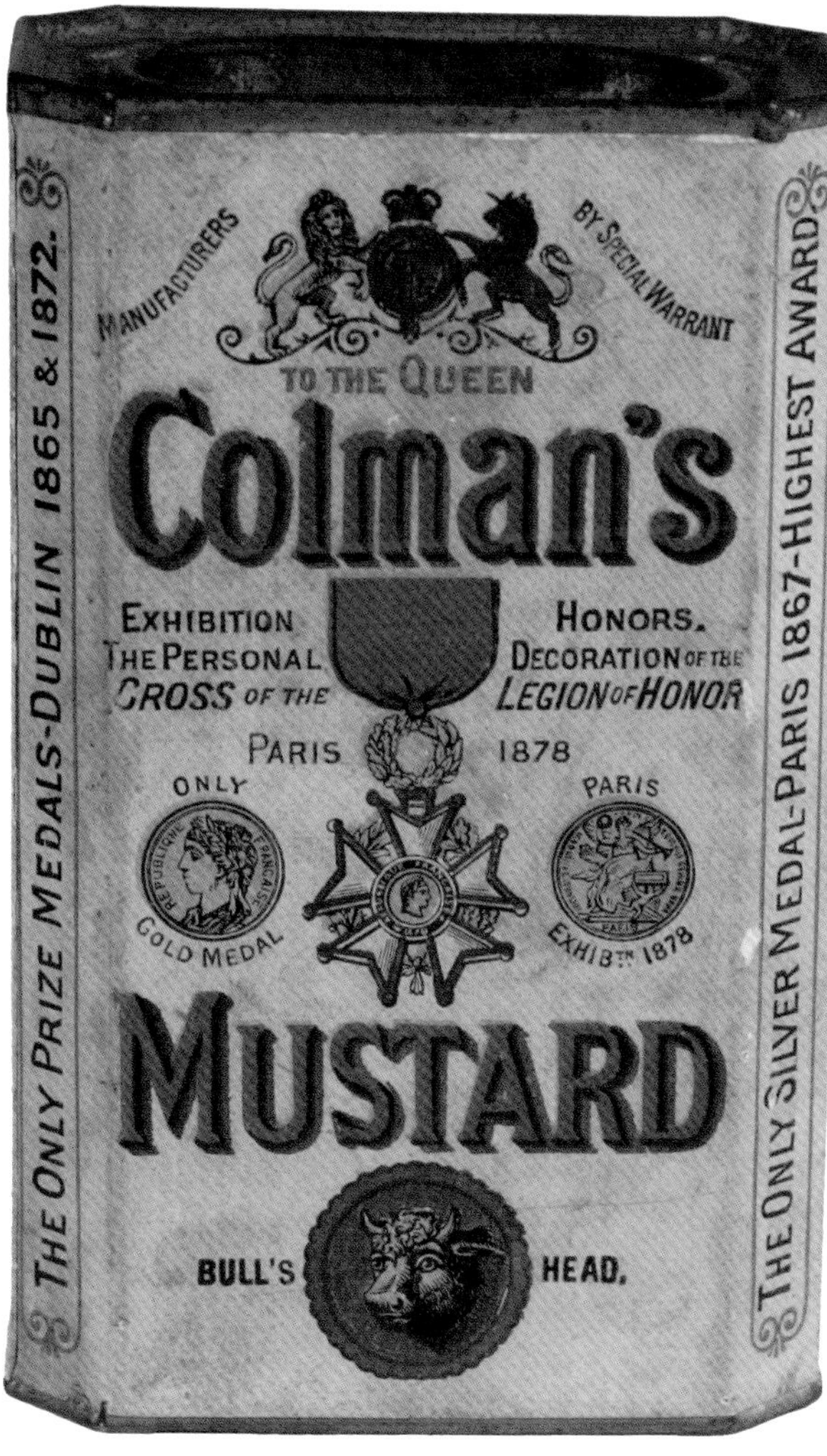

コールマンのマスタードの缶（1885年頃）

ジェレマイア・コールマンはリバー・タス川のほとりに本拠を置いていたエドワード・エイムズから粉末マスタードのビジネスを引き継いだ。そこから、コールマン社は1814年に最初のマスタード製品を製造した。ジェレマイア・コールマンが養子に迎えた甥のジェームズが共同経営者になり、会社はJ&Jコールマンと名づけられた。ふたりは1836年にロンドンのキャノン街に店を開き、1854年に工場をノリッジのキャロー に移転した。最初はマスタード製粉機だけを移したが、1862年には事業全体をキャローに移転させている。ストーク・ミルは現在はレストランになり、コールマン社の思い出の品々が展示されている。

大部分のマスタードは湿式粉砕［液体の中で粉砕する方法で細かく粉砕できる］したシードからつくるが、イギリスのマスタードは挽いて殻を取ったマスタードの実からつくる。そのため、ほかのマスタードより風味が濃厚になる。

まずシードをローラーにかけて殻から実を出し、風を送って殻だけを飛ばす。実はローラーから製粉機へ落ちる仕掛けになっていて、製粉機で挽いたあと、混ざりもののない粉末になったものを、コールマン社の特徴的な黄色い缶に入れる。

最初、粉末マスタード——ファイン（微粉）、スーパーファイン（超微粉）、ダブルスーパーファイン）の3種類——のほとんどは4～33キロの大樽に入れて食料品店へ出荷し、食料品店が粉末を紙袋に入れて一般の客に販売していた。マスタードシードの殻は肥料として農家へ売られ、殻から抽出した油は潤滑油として販売された。コールマン社のおなじみの黄色いラベルと絵のついた容器が導入されたのは、1850年代になってからだ。1880年代までに、粉末マスタードは25種類のサイズの容器に入れて販売されるようになった。

スパイスやビネガーを加えたペースト状のマスタードが登場するのはずっと後のことで、1899年にコールマン社はフランスへの輸出用にサヴォラマスタードを売り出した。サヴォラマスタードはのちにアモラ社に買収されたが、インドの香味に触発されたもので、長年にわたりフランスの調味料の代表格となった。イギリスでは1915年に国内向けのペースト状マスタードが発売されるが、多くの人は自宅で粉をこねてつくる辛みの強いマスタードのほうを好んだ。

コールマン社が使うマスタードシードはイギリス西部、主にケンブリッジシャー、リンカンシャー南部、ノーフォークで栽培されたものだ。ノーフォークは、ジェレマイア・コールマンが数年にわたり製粉業を経営したのちにマスタード事業を始めた場所である。なお、「契約農家」という方法は1878年にコースマンズ社が創出したものだ。

英国マスタード栽培者協会（EMG）によると、コールマン社のマスタードにはホワイトとブラウンの2種類のマスタードシードが使われているという。もともとイギリスのマ

1878年のパリ万国博覧会を記念して製作されたコールマン社の硬貨

スタードは、昔からブラックとホワイトのマスタードシードを使っていたと言われている。ブラウンマスタードシードが栽培しやすい背の低い種類と混ぜて植えられるようになったのは、戦後になってからだ[11]。

栽培地の教区名にちなんで、ホワイトマスタードシードはゲドニー、ブラウンマスタードシードはサットンと呼ばれている。ホワイトマスタードシードはヒリヒリするような辛さを、ブラウンマスタードシードはピリッとした辛さをコールマン社のマスタードに加えている。マスタードシードは3月から4月にかけてまかれ、6月に花を付け、9月に収穫される。

19世紀、コールマン社はイギリスのマスタードのトップブランドであり続けた。1866年には製造業者としてビクトリア女王の王室御用達に指名されている。1898年にジェレマイア・コールマンが亡くなった後も同社は成長を続け、1903年には同じマスタード会社のキーン社を買収し、1938年にはレキット社と合併した。レキット&コールマン社は1995年にユニリーバ社に買収され、キーン社はのちにフレンチ社とともにマコーミック社に買収された。

コールマン社の雄牛のロゴマークが最初に使われたのは1855年で、イーストレイに本拠を置く印刷業と文房具製造業を営むサー・ジョセフ・コーストン・アンド・サンズ社によって製作された。この雄牛のロゴをデザインした人物については記録が残っておらず、一定期間同じ絵柄が使われていたという物証もない。だが、このロゴマークは現在にいたるまでさまざまなバリエーションでコールマン社の広告に登場している。

19世紀には、イギリスの肉料理店では牛肉や豚肉にマスタードを添えて出すようになり、コールマン社はイギリス製のマスタードを世界中に輸出した。

コールマン社の成功の要因は、徹底した品質管理だ。同社はマスタード栽培農家と連携し、社内に作物栽培研究課を設けた。また、従業員を厚遇した。従業員には温かい食事を提供し、子供のための図書館や学校、それにイギリス初の企業看護師の恩恵を受けた。コールマン社のイングリッシュマスタードは今も王室御用達で、エリザベス2世一家にマスタードを納めている。ほかにもフランス皇帝ナポレオン3世（1867年）、イギリスのエドワード7世（1868年、当時は王太子）、イタリアのヴィットーリオ・エマヌエーレ2世（1869年）からも御用達の指名を受けた。

第一次世界大戦以前からポスターは大衆的な情報伝達手段として確立されていたが、1920年代から30年代にかけて、広告は従来のものから進化して機知に富んだものになっていった。ポスターは比較的費用のかからない広告手段だった。第二次世界大戦中、新聞印刷用紙は配給制になったが、戦後、コールマン社はポスター広告によってふたたび名声を確立した。

コールマン社のポスターにはさまざまな社会階層が描かれた。なかでもジョン・ハッサルはすぐれたポスターを作成したが、そのなかに、クロンダイク・ゴールドラッシュ——1896～9年にカナダ北西部の寒さの厳しいユーコン準州クロンダイクへ一攫千金を求めて10万人以上が移住した——を描いたものがある。見た目が美しくないという批判もあるが、この時期のポスターはリアリティに満ちたもので、製品のイメージを忠実に表現している。

コールマン社はまた、当時のビスケットやお茶と同様、その販売促進物で業界に刺激を与えた。1880年から約60年間、毎年9月になるとクリスマス用の絵入りの缶をつくるため、缶の印刷業者に6万缶の注文を入れた。クリスマス以外でも、特別な機会のために限定的な製品が製造された。たとえば1902年7月にはエドワード7世とアレクサンドラ女王の戴冠式を記念して特別な缶が作られた。毎年7月には、キャノン街のコールマン社のロンドン支店から、その年の9月の缶が描かれた魅力的なカードが得意先に送られた。

初期の缶には大英帝国時代のさまざまな場面、猛獣狩り、魚、花、有名なビクトリア朝絵画などが描かれた。20世紀に入っても引き続き英国の戦艦や著名な将軍や国民的英雄といった愛国的なテーマが使われた。有名な場所や建物も描かれた。缶の容量は1・8～2・7キロで、正方形、八角形、長方形などいくつかあり、なかには複雑にカーブした形もあった。

『クロンダイクへ』ジョン・ハッサルによるコールマン社の広告用カラーリトグラフ（1899年頃）

『クロンダイクからの帰還』ジョン・ハッサルによるコールマン社の広告（1899年頃）

後に一風変わった形の缶も作られ、高級陶磁器ブランドのロイヤルクラウンダービー製の容器や古典的な小箱に入ったものも販売された。

これらの缶は食料雑貨商だけでなく、当時の大家族も販売対象にしていた。マスタードは耐油紙でつくった紙袋に入れられ、缶には小さなクリップによってしっかり密閉できる内蓋がついていて、さらに雄牛のマークが描かれたシールで封印されていた。缶はマスタードを使い終わったあとの利用法まで考えてデザインされており、「この容器は砂糖、お茶、小麦粉、米などを保管するのに便利です」とラベルに記されているものもあった。現在これらの缶はコレクターズアイテムとして関心を集め、価値も上昇している。

1926年から33年にかけて、コールマン社は広告代理店S・H・ベンソン社と提携して、有名なマスタードクラブの広告キャンペーンを行った。ロンドン市内を走るバスに「神はマスタードクラブに参加されているか?」と書かれたポスターが出現した。新聞広告が人々に参加を呼びかけた。人々はポスターを見て驚き、うわさが駆けめぐった。バス会社や新聞社に電話して、マスタードクラブとは何だと尋ねる者さえいた。マスタードクラブの設立趣意書と参加メンバーも明らかになった。メンバーとして、ケンブリッジ大学ポーターハウス・カレッジのビーフ伯爵［ポーターハウスとはT字型の骨付き肉のこと］、ミス・ダイ・ジェスター（秘書）［「ダイジェスト（digest）で「消化する」の意］、クックハム在住ラッシャー家のベーコ

RULES of the

MUSTARD CLUB

1. **Every member** shall on all proper occasions eat Mustard to improve his appetite and strengthen his digestion.
2. **Every member** when physically exhausted or threatened with a cold, shall take refuge in a Mustard Bath.
3. **Every member shall once at least during every meal make the secret sign of the Mustard Club by placing the mustard pot six inches from his neighbour's plate.**
4. **Every member** who asks for a sandwich and finds that it contains no Mustard shall publicly refuse to eat same.
5. **Every member** shall see that the Mustard is freshly made, and no member shall tip a waiter who forgets to put Mustard on the table.
6. **Each member** shall instruct his children to " keep that schoolboy digestion " by forming the habit of eating Mustard.

The Password of the Mustard Club is “Pass the Mustard, please.”

マスタード・クラブの規則。コールマン社の広告キャンペーン（1920年代）。

ン卿［ラッシャー（rasher）は「（ハムやベーコンの）薄切り」の意］、ストーク・ドジズのパルメザン・プレイス在住セニョール・スパゲッティ、メイフェア地方トゥールヌドー街在住レディ・ハーティ［メイフェアは「黄褐色」、トゥールヌドーは「テンダーロインの厚切りステーキ」、ハーティは「ボリュームのある」の意］、バックスのイートン在住マスタード氏［「バックス」はバッキンガムシャーの略称で、「バックス」では「雄ジカ」の意がある。イートンは「食べる（eat）」に掛けてある］の名が挙げられていた。これらのキャラクターやその活動を描いた漫画が次々に刊行され、本、バッジ、マスタード容器、トランプといった販促品が出まわった。マスタードクラブの歌、本、奇抜な衣装が作られた。

推理小説作家のドロシー・L・セイヤーズは１９２２年から広告代理店ベンソン社にコピーライターとして勤務し、マスタードクラブ・キャンペーンに関与していたが、画家のジョン・ギルロイの１９７６年のインタビューによると、セイヤーズはこのプロジェクトでギルロイや画家のウィリアム・ブリーリーとともに仕事をし、広告のほとんどを作成して漫画のキャラクターを生み出すきっかけとなった。[12] すべてのレシピにマスタードが使われている料理本も出版された。マスタードクラブ・キャンペーンは大成功を収めた。新しく加わった事業内容に対処するため、J&Jコールマン社は臨時のオフィスをつくらねばならなくなった。ピーク時には、バッジを求める申込書を毎日２０００通受け取ったという。[13]

1895年から1953年にかけて、コールマン社はより広範囲な広告キャンペーンの一環として、子供向けの小冊子を多数出版した。最も多かったのは、おとぎ話の改作と偉大な文学作品を子供向けに書き直したものだ。さらに、情報提供や娯楽のための小冊子や歴史上の偉人の伝記も含まれていた。

第一次、第二次世界大戦中も、本のサイズは小さくなったものの出版は続けられた。1940年代には、『さかさまサーカス *The Topsy Turvy Circus*』(1946年)などの冒険物語に、「3人のマスタード勇士たち The Three Mustardeers」と呼ばれる3人組の子供が登場するようになった〔アレクサンドル・デュマの有名な小説『三銃士 *The Three Musketeers*』をもじっている〕。これはエニッド・ブライトン著『冒険の島』〔村野杏訳/新学社/1984年〕から始まる4人の少年少女と1匹の犬が主人公の冒険小説シリーズを彷彿とさせる。1950年には『3人のマスタード勇士たちとゾディアック同盟 *The Three Mustardeers and the League of the Zodiac*』が出版された。小冊子の出版は1953年に終了した。割り当てられた予算では、広範に配布できるだけの量の小冊子を刊行できなくなったからである。

最近までノリッジにコールマン社のミュージアムがあったが、本書の執筆中に閉館し、新しい場所に移って再開される予定だ。

◉イタリアのマスタードとモスタルダ

イタリア人はマスタードをふたつの方法で楽しむ。ひとつはセーナペ（senape）と呼ばれる一般的なマスタードソースで、これはラテン語のsinapisに由来する。もうひとつはモスタルダと呼ばれる、砂糖漬けの果物とマスタードオイルで作られる調味料だ。モスタルダは、マスタードシードまたはマスタードオイルに漬けたインドの薬味、チャツネに似ている。

北イタリアでは多くの地域で、さまざまな種類のモスタルダが作られている。最も有名なのは、何と言っても果物が丸ごと入ったクレモナのモスタルダ、モスタルダ・ディ・フルッタ（mostarda di frutta）だろう。マスタードの辛みが果物と砂糖の甘みとほどよく調和している。

ピエモンテ州ではモスタルダはクニャと呼ばれ、スパイスのきいた数種類の果物を煮こんで、ゆでた肉類とともに供される。アスティではモスタルダはマルメロ、クルミ、ドライフルーツからつくられ、マスタードシードは使わずに、ワインマスト［醗酵途中のワイン］の中で保存される。ロンバルディア州マントヴァのモスタルダ・マントヴァーナは、カンパニナと呼ばれる地元のリンゴを使い、一般に砂糖シロップに漬けて保存する。

ヴェネト州ヴィチェンツァの特産品は、マルメロで作られるジャムのようなモスタルダ・

モスタルダ・ディ・フルッティ。マスタード風味のフルーツプレザーブ。スペルラーリ社製。

ヴィセンティーナだ。エミリア＝ロマーニャ州カルピでは、モスタルダは濃いジャムに似ていて、スパイスは使わない。トスカナ州のモスタルダは、リンゴとナシ、それにホワイトマスタードの粉末から作られる。カラブリア州とシチリア島ではマスタードは使わずに、煮た果物をワインマストの中で保存する。[14]

1836年からモスタルダを製造しているスペルラーリ社によると、クレモナのモスタルダの誕生は遠く1397年までさかのぼり、ある見習い職人が不注意からメロンをハチミツの桶へ落としてしまったのが始まりだということだ。しかし、1世紀のローマの著述家コルメラは著書『農業論 *De re rustica*』のなかで、歴史上初めてモスタルダとマスタードの違いに言及している。彼はモスタルダをマスタシアム（mustaceum）と呼び、肉類の保存に使用したが、マスタードはシナプシス（sinapsis）と呼び、ゆでた肉類に添えて供する方法について述べている。

中世では、甘みのある食材と塩気の強い食材を組み合わせるのが、味のバランスをとるひとつの方法だった。モスタルダの作り方が掲載されている最古の本は、おそらく14世紀の料理書『厨房の書 *Liber de coquina*』だろう。そのなかのレシピに、マスタードシードまたはルッコラの種をアニス［セリ科の香草］やクミンと一緒にすり鉢の中ですり混ぜ、シナモン、砂糖、ビネガー、パンくず、コショウを加え、そこへ熱いスープ、ワインまたはビネガーを注いで混ぜるというものがある。[15]

もうひとつのモスタルダのレシピではマストを4分の3量になるまで煮詰め、そこへマスタードシードを混ぜたものを挽いてから熱する。こうして作ったモスタルダは4か月間保存でき、牛肉や豚肉とともに供された。このソースにシナモン、砂糖、クローブ、コショウ、カルダモンを加えて、一味違う風味を出すこともあった。[16]モスタルダに果物を加えるという料理法は『厨房の書』には掲載されていない。

15世紀になると、イタリアではマスタードがさまざまな方法で製造されるようになった。マルティーノ・ダ・コモは著書『料理の芸術 *Libro de arte coquinaria*』に、ワイルドマスタード（学名 *Sinapis arvensis*）、アーモンド、ベル果汁またはビネガーを使ったマスタードのレシピを載せている。シナモンとアルコール分が抜けた（または一度沸騰させた）ワインを加えた、赤またはスミレ色のマスタードについても述べている。またマスタードボールのレシピも載っていて、いくつかに切り分けて馬の背に載せて運んでいたようだ。

マルティーノ・ダ・コモはフレンチマスタードは品質が劣ると考えていた。レシピのひとつに、「これは辛口またはアルコール分の抜けたワインで辛みを弱めただけだ。あくまでも私見だが、フレンチマスタードみたいなものだ」と書いている。[17]

同じく15世紀の『ナポリの料理 *Cuoco Napoletano*』という本にもマスタードに関する記述

がある。この本ではイタリアのマスタードと、旅の携帯用に使われたマスタードボールについて述べられていて、当時のイタリアの旅の習慣を垣間見ることができる。フレンチマスタードには批判的で、「辛口ワインかマストで辛みを和らげてあるだけ。これがフレンチマスタードという得体の知れない代物だ」と書いている。

興味深いことに、この本にはヘンプシード（麻の実）マスタードのレシピが掲載されている。マスタードシードの代わりにヘンプシードを使い、ゆがいたアーモンド、パン、肉汁、アーモンドミルク、砂糖を混ぜてつくる。[18]

イタリアのルネサンス期の料理人クリストフォロ・ディ・メッシスブーゴはフェラーラのエステ家に仕え、1552年出版の料理書、『新しい本 *Libro novo*』にはモスタルダのレシピが掲載されている。この本のなかで彼はエステ家での正式な晩餐会のメニューを詳細に描写するとともに豪華な饗宴の食事を準備する人々にさまざまな助言を与えている。彼のモスタルダにはシナモン、ショウガ、クローブ、マスタードが使われるが、より辛みの強いレシピには、辛口のホワイトビネガーと、4等分したリンゴ（砂糖の代わり）が入っている。[19] これは甘みを出すために果物が使われた最初のレシピと考えられ、今日のフルーツ・モスタルダのルーツでもある。

同じくルネサンス期の料理人バルトロメオ・スカッピは、1570年出版の『オペラ

Opera』のなかで甘いモスタルダの作り方を説明し、雄牛の頭からグリルしたウシの胃袋、ワインで煮こんだイノシシの頭部、ブラッドソーセージ、それにゆでたチョウザメやカマスの燻製などの魚料理まで、多くの料理に添えて供するよう提案している。[20]

ルネサンス期のフランス人著述家モンテーニュは、1580〜81年に北イタリアを旅した際にパルマ県のフォルノーヴォ・ディ・ターロで賞味する機会を得た、マルメロの入った美味なモスタルダについて記述している。また、フェデンツァで味わったリンゴとオレンジが入ったモスタルダについても述べている。[21]

イタリアでは19世紀までに、モスタルダの使い方は確立されていた。1839年にナポリで出版された、料理人で著述家のイッポリト・カヴァルカンティによる『理論的で実践的な料理 *Cucina teorico-pratica*』は、トマトをトッピングしたヴェルミチェッリ［スパゲッティよりやや太めのパスタ］を最初に紹介した本として知られているが、そのなかに、黒っぽいアンゼリカ種のブドウのマストでつくられたモスタルダソースを裏ごしし、砂糖で甘みを付け、リンゴ、オレンジの皮、砕いたクローブ、シナモンパウダーを加えるという調理法が書かれている。[22]

ペッレグリーノ・アルトゥージは、イタリアのあらゆる地域のレシピを集めた料理書である。イタリア料理を世に広く紹介した功績で知られ、1891年にトスカナ地方のモスタルダを、食欲を増進し消化を助けるというモスタルダの効能に関する解説を付けて発表した。また、モスタルダを具として詰めたフリッターなど、モスタルダを材料にしたレシピも発表している。[23]

◉東洋のマスタード

古代ローマ人は東洋での交易から多くの保存技術を学んだ。インドでは、果物とマスタードシードからチャツネが作られている。中世のカイロには、クレモナのモスタルダ・ディ・フルッタとよく似たシファット・カルダル（sifat khardal）と呼ばれるレシピがあった。

これは魚料理のソースとして用いられ、つぶしたマスタードシードをビネガーに漬けてやわらかくし、その液を濾したものとシロップを混ぜてから、香り高いスパイスミックス（atraf at-tib）、サフラン、アーモンドを加えて風味を濃厚にしたマリネ液にナツメとレーズンを丸ごと漬けたものだ。このソースは、焼いた肉やゆでた肉に添えて食べるクレモナのモスタルダとは違い、揚げた魚や煮魚にかけて供された。アラブ・イスラム世界では通常は魚料理のソースに果物を丸ごと使わないので、これは一風変わったソースと言える。おそらくイタリア半島から影響を受けたのだろう。[24]

中世のカイロではマスタードはかなり好まれていたようだ。つぶしたアーモンドをビネガーのなかでふやかし、粉末マスタードとスパイスをいくつか加えてつくるマスタードとビネガーのペースト（khall wakhardal）のように、ソースやディップとして常に卓上にあった。ほかにも、ローマの料理には見当たらないような独特のマスタードを使ったレシピがいくつかあった。

たとえば、ハルーミチーズと呼ばれる塩気の強い白いフレッシュチーズを、マスタード、ビネガー、さまざまなハーブとスパイス、つぶしたニンニクのオリーブオイル漬け、塩、ナッツ、タヒニ［ゴマペースト］を混ぜてつくるソースに浸した料理がある。もうひとつ独特のレシピはマスタード・エッグ（bayd mukhardal）で、ゆで卵の表面に朝のうちに塩とクミンをまぶし、夕方にサフラン、ビネガー、マスタードシード、ミント、スパイスミックス（atraf at-tib）で風味を付けるというスナックだ。[25]

ペルシャ・アラブの伝統医学で、インドのムガール帝国や中央・南アジアで実践されていたユナニー医学では、マスタードは体を温める物質と認識されていた。この医術は、ギリシアの医学者ガレノスやヒポクラテスの教えをもとに、ペルシャの医学者イブン・スィーナー（アヴィセンナ）が発展させたもので、インドや中国の伝統医学だけでなく、古代の四体液説の影響も受けていた。

11世紀のイブン・スィーナーの著書『医学典範』では、マスタードは胆汁の量を増やしたり、胆汁の流れを活発にしたりする薬草として記されている。体を温める性質をもつため、旅人はマスタードを含んだ食品を食べると楽に寒さに耐えられると考えられていた。[26]

15世紀以降のオスマントルコの料理では、肉料理にビネガーと砕いたマスタードシードを混ぜたものが用いられてきたが、これはおそらく古代ギリシアの都市、ビザンティウムから受け継がれてきたものだろう。16世紀にイスタンブールを訪れたボヘミア商人ハンス・ダーンシュワムは、トルコ人は羊肉にマスタードソースをかけると日誌に書いている。

ほぼ同時期にイスタンブールでは、ブドウ果汁、つぶしたマスタードシード、酸味のあるサクラの葉から酸酵飲料がつくられていた。これはトラキア地方（トルコ北西部）原産のハーダリイエ（hardaliye）と呼ばれる飲み物で、トルコ語でマスタードを意味するハーダル（hardal）に由来する。

フランドルの外交官オージェ・ギスラン・ド・ブスベックの著書『トルコの手紙 *The Turkish Letters*』には、１５００年代のイスタンブールでハーダリイェが売られていたことが記されている。

彼らはまず、土器または木桶の底につぶしたマスタードシードを入れ、その上にブドウを並べ、次の層にマスタード粉を入れて強く押しつける。桶がブドウでいっぱいになると、ブドウ果汁を注ぎ、桶を密封する。暑い日が続いて飲み水が不足する頃になったら桶の蓋を開け、ブドウと果汁を売る。[27]

17世紀オスマン帝国時代の探検家エヴリヤ・チェレビも、著書『旅行記 *Seyathatname*』のなかで、トラキア地方でハーダリイェが飲まれていたことを記述している。この地方ではギリシア人やユダヤ人がブドウを使ってワインを製造していたが、イスラム教徒はブドウから糖蜜（モラセス）、甘いシロップ（ペクメス）、ハーダリイェなど、アルコール分を含まない食品を製造していた。今日ハーダリイェはトラキアの伝統的飲料として愛好され、トラキア地方で製造されてトルコ中に流通している。トラキア名物のミートボールやレバーを揚げた料理とは特によく合う。

カスンディはベンガル料理に使われる、鼻にツンとくるソースで、醗酵させたマスタードシードを乾燥させ、挽いて粉末にしたマスタードシードからつくる。マスタードオイルを加えたものと加えないものがある。家庭によって、マスタード以外のスパイスを使ったり、マスタードのカスンディからトマトカスンディやマンゴーカスンディをつくったりもする。

カスンディは元々アチャール（チャツネやピクルスのような薬味）の一種として使われ、

からしれんこん（辛子と味噌を混ぜたペーストをれんこんに詰めた料理）

伝統的には米、葉野菜、揚げ物と一緒に食された。ヒンドゥー教の最高位バラモンの館では儀式にのっとってつくられ、純潔の基準を満たす女性だけが関わることを許された。たとえば、未亡人や月経中の女性はカスンディをつくる過程に加わることができない。こうした女性は辛いものや酸っぱいものを食べることも許されなかった。その月に子供が生まれたり、誰かが亡くなったりした家族、また、過去にカスンディの料理中に何らかの悲劇が起こった家庭も、カスンディをつくることはできなかった。現代では、カスンディは市販されており、カツレツのような揚げ物のスナックとともに一般に供されている。

日本のイエローマスタードはカラシと呼

ばれ、ワサビに似た辛みの強い調味料として粉やペーストの形で販売されて人気がある。香ばしい揚げ物のトンカツ、大豆の醱酵食品である納豆、中華風のシュウマイ、鍋で煮こんだおでんなどにピリッとした薬味として添えたり、味噌や酢と混ぜて辛みの利いた酢味噌をつくったりするのが、昔ながらの使い方だ。カラシには酢が入っていないので、辛みも刺激もかなり強い。また熊本名物のひとつ、からしれんこん（マスタードと味噌を混ぜたペーストをレンコンに詰めて揚げた料理）の材料としても欠かせない食材で、酒とともに味わうことが多い。

◉アメリカのマスタード

ヨーロッパの探検家、漁師、商人は、安定した大規模な植民地が確立されるかなり以前の17世紀中頃には、現在のニューイングランド地方沿岸をしばしば訪れていた。このような出会いによって旧大陸と新大陸双方の第一印象が形成されていったわけだが、そのなかには、好みのマスタードのタイプがかなり異なっているという発見も含まれていた。

北アメリカ大陸への探検と定住に関しては、イギリスは他のヨーロッパ超大国、とりわけスペインとフランスに少々後れを取った。最初のイギリス人大物探検家はバーソロミュー・

ゴズノールドで、1602年にケープ・コッドとマーサズ・ヴィニヤード島近辺を訪れた。アメリカ先住民はヨーロッパの品々に大いに興味を示し、いくつかの品物を毛皮と交換した。交換したヨーロッパの品物のなかに、マスタードも含まれていた。年代記編者として探検に同行したジョン・ブリアートンが「先住民はマスタードだけは気に入らなかったようで、多くの者が顔をしかめた」[28]と書いているように、これはイギリス人がいかに辛いマスタードを好んでいるかの証明となった。

1805〜06年のルイス・クラーク探検隊の日誌には、アメリカ先住民がミシシッピ川の南岸でカラシナを栽培しているのを見たと書かれているが、アブラナ属（学名 *Brassica*）がアメリカへ持ちこまれたのはもっと後の時代なので、どの植物を指しているのかは不明だ。[29]

19世紀のアメリカでは、マスタードをはじめさまざまな調味料が盛んに使われるようになったが、それにつれて敵対者も現われた。食品改革論者は、マスタードは刺激が強すぎ、さまざまな病気を引き起こすと信じていた。その時代に多く見られた病気は消化不良だ。食品改革論者の多くはキリスト教神学に従っていたため、暴飲暴食、肉、コショウ、精白パン、姦《かん》淫《いん》その他の不摂生の要因とともに、マスタードも槍玉に挙げられた。

多くの独学の「医師」たち、なかでも最も大きな影響力をもっていた長老派の牧師シルベスター・グラハムは菜食主義を推進し、刺激の強い食品を避けるよう勧めた。グラハムの食餌規則では暴飲暴食を諸悪の根源とみなし、肉、調味料、茶、コーヒー、砂糖、蒸溜酒、薬物、タバコを禁じた。

グラハムによると、マスタード、コショウ、ショウガといった、要するに刺激的で辛みの強いスパイスや調味料は、体の組織にとっても体全体にとっても不必要であるばかりか、明らかに危険であり、消化を阻害し、胃を荒らし、消化器官や呼吸腔の粘膜に炎症を引き起こすとされた。グラハムは、アメリカ陸軍の軍医ウィリアム・ボーモント医師による胃の生理学的機能の研究に言及してこう書いている。

ボーモント医師の発見は以下のようなものだ。食べ物とともにマスタードやコショウを摂取すると、すべての食べ物が消化されるまで胃腔《いこう》に留まり、最後まで強烈な匂いを発しつづける。そして、糜粥化《びじゅく》［食べ物が粥状に消化されること］が終了する頃には、胃の粘膜の表面にはわずかに病変が出現する。[30]

グラハムのような調味料に対する反論は、19世紀のアメリカではめずらしいものではなかった。著名な医師ウィリアム・アルコットは調味料撲滅運動を行った。ハーバード大学出身のディオ・ルイス博士は、「何らかの欲求をあおるものはすべて、それ以外の欲求も高める傾向がある。コショウ、マスタード、ケチャップ、ウスターソース――これらはすべて避けるべきだ。塩でさえ、たとえ微量でも好ましくない。肉欲をあおる刺激物だ」と主張した。[31]

グラハムは、ジョン・ハーヴェイ・ケロッグやチャールズ・W・ポストら、19世紀後半の医師たちにも影響を与えた。彼らは菜食主義を提唱し、自らが製造した穀物食品を推奨した。20世紀に入ってマスタードその他の調味料の使用は増加したが、グラハムの教えは今日でもセブンスデー・アドベンティスト教会の教義の一部として残っている。彼らは「調味料は本来有害なものだ。マスタード、コショウ、スパイス、ピクルスを食べると胃は荒れ、血液は熱を帯びて汚れる」と信じている。[32] こうした食品の危険性は、その刺激的な性格にある――人々はすぐに普通の食品では欲求を満たせなくなり、体がより刺激的なものを求めるようになるというのだ。

◉アメリカ初のマスタード　グルデン社

アメリカ初のマスタードは、1867年にグルデン社によって製造された、そのまま使える色の濃いスパイシーなブラウンマスタードだ。これは奇しくも、1850年代にドイツからの移民がソーセージとともにアメリカに到着したあと、ニューヨークをはじめアメリ

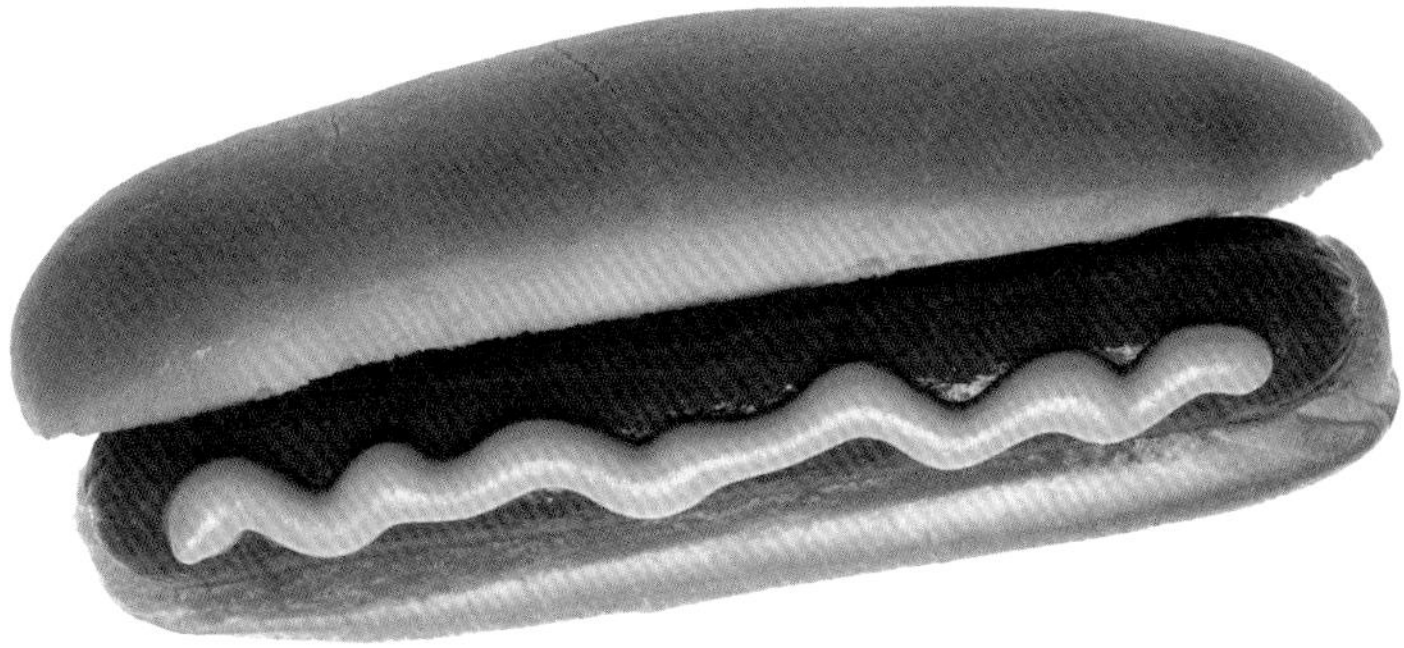

昔ながらのマスタード付きのホットドッグ

カのあちこちの街角で最初にホットドッグを見かけるようになった時期と一致する。
　グルデン社のマスタードは、その製品の優れた風味と革新的な技術に対して、1869年に米国ニューヨーク市協会（American Institute of the City of New York）から賞を初めて受賞した。地元で栽培されたアメリカ産マスタードシードを使用しつつ、フランスやドイツのマスタードに似た風味をもつ製品をつくる会社として認められたのである。同社は続いて、シカゴ万国博覧会（1893年）とパリ万国博覧会（1900年）でも賞を授与されている。[33]
　グルデン社の創業者チャールズ・グルデンは、マスタードの容器でいくつも特許を取得している。そのなかには、球状の瓶やスクイーズボトル［内容物をしぼり出せるやわらかい容器］、蓋付きの瓶、詰め替え用容器などがある。彼のマスタードのレシピの材料は、マスタードシード、ビネガー、スパイス、塩という簡単なものだった。フレンチ社がより明るい色のマ

受賞歴を記したグルデン社のレターヘッド（1909年）

スタードで成功を収めたあと、グルデン社は1949年にターメリックで色づけした「プリペアド・イエローマスタード」を売り出した。

グルデン社は長年の間にさまざまなレシピのマスタードを発売し、次々と新しい商品が開発されてきたが、唯一スパイシーなブラウンマスタードは今も昔のまま販売されつづけている。グルデン社のマスタードは今もフレンチ社、グレイプーポン社に続き、アメリカで3番目に人気のあるマスタードの地位を維持していて、アメリカで最も長く生産されているマスタードと称されている。

●おだやかなフレンチ社のマスタード

フレンチ社のマスタードは、スパイス商人ロバート・ティモシー・フレンチの息子フランシスが、20世紀初頭の変わりつつあるアメリカ料理に合う、新しい種類の調理済みマスタードをつくろうとロビー活動をするなかで誕生した。

R・T・フレンチ・カンパニーは1880年にニューヨーク州ロチェスターで創業し、マスタード、スパイス、香料、調理済みフードミックス、家庭用品、ペットフードを製造していた。ロチェスターのマスタード通り1番地のスパイス製造工場のマネジャーだったジョー

フレンチ社の昔ながらのイエローマスタード

ジ・ダンは、新しいレシピを考案せよという任務を受けた。彼はその難題に取り組み、なめらかで明るい黄色の、当時主流だった辛みの強いマスタードとは明らかに異なるおだやかな風味のマスタードを開発した。これがフレンチ社のクリームサラダブランドマスタードだ。255グラム入りで値段は10セント。瓶にはヘラが付いていた。[34]

フレンチ兄弟は多くの人にこのマスタードを知ってもらうため、1904年のセントルイス万国博覧会に出品した。2000万人近くの入場者が、アメリカ産の材料を使ってアメリカで製造されたマスタードの誕生を目撃した。このマスタードはホットドッグとともに供されて大ヒット商品となり、フレンチ社の売り上げは5年で2倍になった。フレンチ社のマスタードは、ホットドッグの調味料として使われた最初のマスタードと呼ばれている。

以来多くの人にとってフレンチ社のマスタードは、とりわけスポーツ競技場でホットドッグとともに食べる最高の調味料であり続けている。1915年に導入されたフレンチ社のロゴマークに描かれた有名なペナントは、野球場にはためくペナントに似せてデザインされている。2000年からフレンチ社はヤンキースタジアムの公式マスタードになり、アメリカ国内の野球場や競技場でよく見かけられるようになった。

1926年、フレンチ兄弟は会社をJ&Jコールマン社に売却した。社名はレキット&コールマンに変わり、さらに合併（1938年と1999年）後、レキットベンキーザー社と

フレンチ社のホットダン・ザ・マスタードマン

なった。そして2017年、最終的にマコーミック社に売却された。

1921年以後、全国的な宣伝によって、フレンチ社は100万ドル規模の事業になった。1932年には「ホットダン・ザ・マスタードマン」というキャラクターをつくり出してキャンペーンを行い、ホットダン・スプーンをマスタードの瓶に付けはじめた。ホットダンはポテトの姿をした男性で、巻き毛と大きな蝶ネクタイが特徴だ。1940年代に段階的に廃止されるまで、このキャンペーンはフレンチ社の中核的な宣伝となった。ホットダン・スプーンは収集家の間で人気アイテムとなったが、多くの母親からも、赤ちゃんに食事を与えるのに最適だと称賛の声が寄せられた。

フレンチ社は、質の悪いマスタードはおいしいハムや濃厚なチーズも台無しにしてしまうが、フレンチ社のピリッとした風味の良いマスタードを使えば、サーモン、サラダ、ハンバーガーがどれほどおいしくなるかを宣伝した。ホットダンは広告から姿を消したが、フレンチ社のマスタードは、今もその象徴的な黄色いスクイーズボトルと本質的に変わらないレシピで、アメリカで最も人気のあるマスタードであり続けている。

◉高級マスタード「グレイプーポン」

１９４６年、アメリカのヒューブライン社はフランスのグレイプーポン社を買収し、このヨーロッパ製のマスタードを、フレンチ社が独占していたアメリカ市場に売り出すことにした。フレンチ社のマスタードはイエローマスタードシードの粉末とビネガーで作られ、ターメリックで明るい黄色を出している。対するグレイプーポン・マスタードは、フランス的な響きの名前をもち、白ワインビネガーを使っている。

ヒューブライン社は、グレイプーポン・マスタードをディジョン直送のガラス瓶に入れ、フランス国旗の色で縁取られたフレンチハットのような平たい白い蓋を付けた。上品で高級感あふれた製品として売り出そうとしたのである。戦略は当たった。

また、１９８０年代に放送したコマーシャルは、グレイプーポン・マスタードの好感度をさらに押しあげた。ロールスロイスが別の車の横に止まる。ロールスロイスを運転していた男性が、「失礼ですが、グレイプーポンをお持ちですか」と尋ねる。別の車の男性は「もちろんです！」と答え、２台の車の間でグレイプーポン・マスタードの瓶がやりとりされる。このコマーシャルは、のちにさまざまな広告や映画、漫画でパロディー化された。

ヒューブライン社は１９７５年までコネティカット州ハートフォードでマスタードを製

象徴的なグレイプーポン・マスタードの瓶

カーティス社のバターフィンガー（チョコレートとピーナッツバターのバー）の箱に印刷されたマスタードの広告（1948年）

造した。その後はカリフォルニア州オックスナードへ製造部門を移転し、１９８２年にはR・J・レイノルズ社と合併した。１９８５年にレイノルズ社はナビスコ社を買収し、それ以来グレイプーポン・マスタードはレイノルズ社ナビスコ部門が製造している。フランスのグレイプーポン社は、さらに歴史の古いブランドであるマイユ社に買収され、ディジョンの繁華街リベルテ通りにあるマイユ社のブティックで購入することができる。

白ワインビネガーを使った高価なフレンチマスタードは、日常生活におけるちょっとぜいたくな品の典型であり、洗練の象徴であり続けている。それに加えて、フトン、クーポン、クルトンなど多くの単語と同じ響きをもつことから、グレイプーポンは人気のフレーズとなり、１９９０年代からダス・エフェックスやジャスティン・ビーバー、カニエ・ウェストら人気のアーティストによって、数百ものヒップホップソングに使われてきた。

◉マスタード・ミュージアム

アメリカのマスタード愛好家は、ウィスコンシン州ミドルトンのミュージアムを訪れることができる。そこには世界各地のマスタードが収集され、年間３万５０００人の訪問者にマスタードへの愛を広めている。この「ナショナル・マスタード・ミュージアム」は法律家

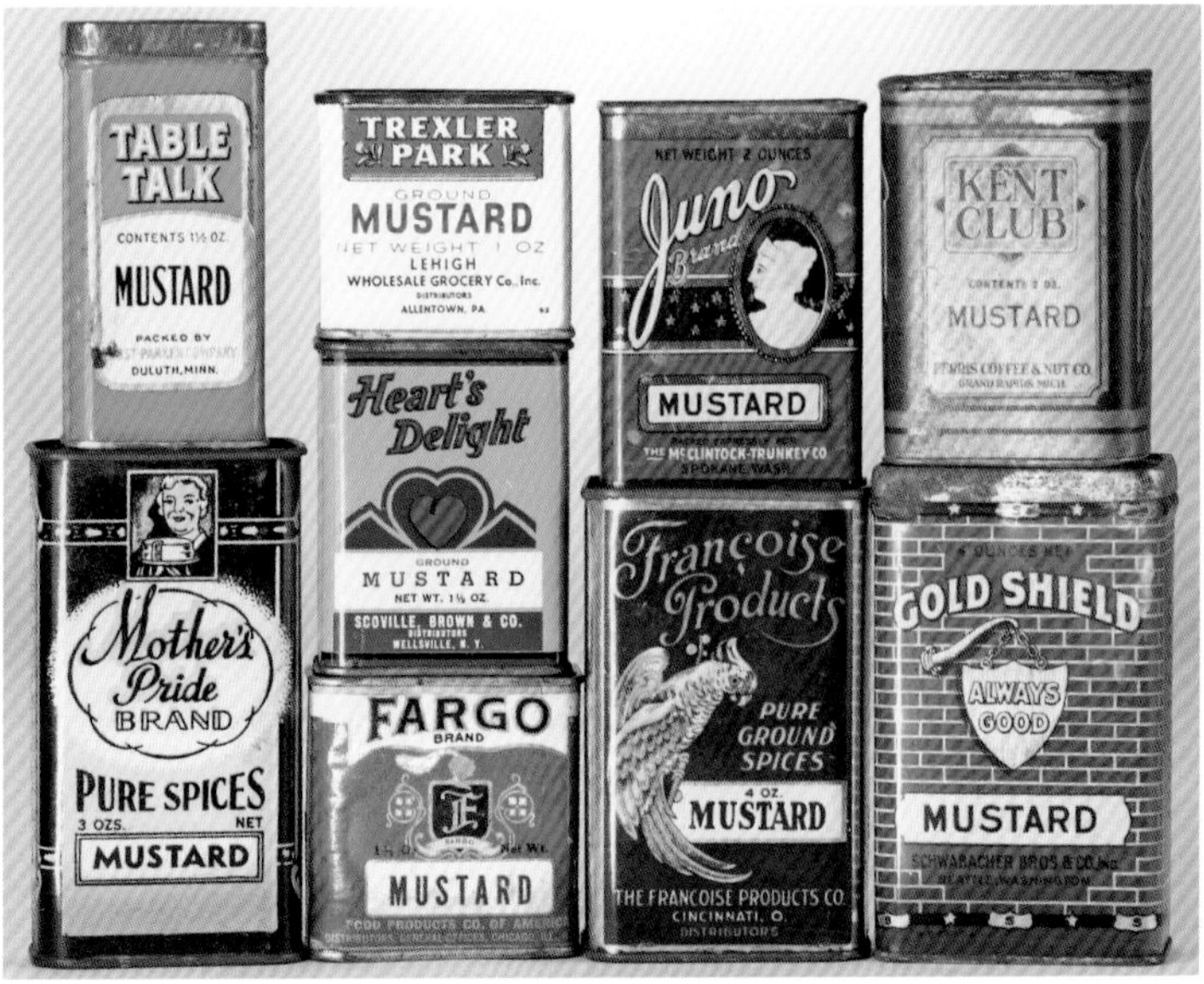

ウィスコンシン州ミドルトンのナショナル・マスタード・ミュージアム所蔵の年代物のマスタードの缶

のバリー・レベンソンによって設立された。レベンソンは、愛するボストン・レッドソックスが１９８６年のワールドシリーズで敗れたとき、落胆から立ち直るためにマスタード容器の収集を始めようと決意した。趣味が高じて、ついに彼の肩書きはマスタードミュージアムの館長兼ＣＭＯ（最高マスタード責任者）になった。

本書の執筆時点でミュージアムは6万31種類以上のマスタードを所有している。そのほとんどはヨーロッパ、北アメリカ、中南米のものだが、アジア製もかなりの数にのぼり、アフリカ製もいくつかある。

「ああ、バリー……マスタードを切らしてしまったの」。ナショナル・マスタード・ミュージアム館長バリー・レベンソンのために描かれたポップアート。

ミュージアムの中にはマスタードの缶や瓶だけでなく、医薬品としてのマスタードやマスタードに関するアートも多数展示されている。

ナショナル・マスタード・ミュージアムでは、毎年8月の最初の土曜日に「ナショナル・マスタード・デー」を祝う。催し物は昔ながらのゲーム、音楽、その他のエンターテインメントで、さらにマスタードの見本やブラートヴルスト［ドイツの焼いて食べるソーセージの総称］、ホットドッグなどの食材が並ぶ。また、ミュージアムはプーポンUと呼ばれるマスタード大学として、高度な学習機関としての役割も担うことになった。プーポンUで受ける授業は正式な教育機関としての履修単位とは認定されないが、参加して校歌を歌うことは可能だ。

ホットドッグやブラートヴルストに載せると、マスタードは実にウマい。マヨネーズやケチャップなんてお呼びじゃない。あんなものルール違反だ。きらめく金色とやわらかな黄色、なめらかで、ザラザラして、甘くて、辛い。戦え、プーポンU！　戦い終われぱランチを食べよう。

レベンソンは現在、マスタードのカードゲームを開発中だ。彼の個人的なお気に入りは、ボーヌのエドモン・ファロ製のクルミが入ったマスタードだ。何年も前になるが、彼はその工場を訪れて製造過程を見学している。ミュージアムショップではマスタードの試食ができ、300種類のマスタードを特価で購入できる。[35]　レベンソンは決してマスタードを切らすことがない、世界でただひとりの男性だ。

第3章◉言語と文化のなかのマスタード

◉言語表現のなかのマスタード

マスタードが多くの言語で鋭さ、強さ、不可侵性の比喩として使われているのは不思議でも何でもない。英語での使用例をいくつか挙げてみると、「マスタードのように強い」、「彼はテュークスベリーマスタードを食べて生きているかのように鋭い」、「テュークスベリーマスタードのように粘り強い」などがある。「マスタードのように鋭い《キーン》」とは、とても熱心でやる気に満ちているようすを表す。この表現はしばしば、キーン&サンズ社のマスタードに由来すると考えられるが、実際は会社の創業以前から使われていた。「キーン」はここでは「鋭利な刃物のように機能する」という意味で使われている。[1]

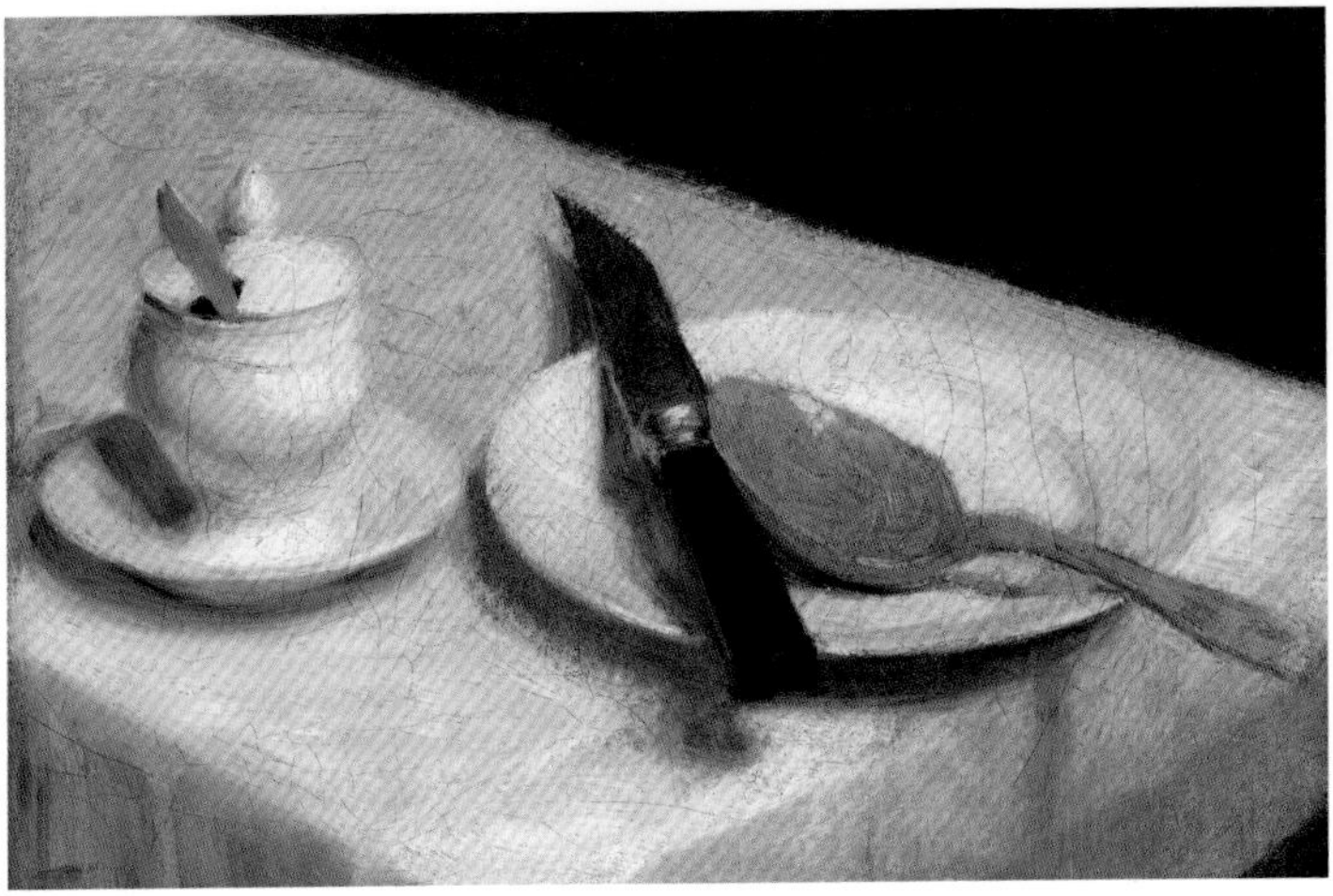

アンリ・ファンタン＝ラトゥール『マスタード壺のある静物』キャンバスに油彩（1860年）

マスタードを使った慣用句もたくさんある。「マスタードを切る」は要求される基準を満たすことを、[2]「マスタード壺の中で（両足のかかとを上げて）銃を撃つ」とは、はやる思いで銃を撃つ人を意味する。「マスタードを膝で挽く」とは、X脚の人を指す。X脚の人は、ダラムの粉末マスタードにちなんで「ダラムの人」とも呼ばれる。「マスタード壺の中の月明かり」は17世紀頃の表現で、「役に立たないこと」を表す。[3]「ネコがマスタードを好むように」あるいは「ネコがマスタードを愛するように愛する」とは、本人にとって良くないことでも何かを愛する、を表す英語のことわざだ。[4]

古代ギリシアの詩人アリストパネスの政治を諷刺した喜劇『騎士』のなかに、腸詰屋（ソーセージ売り）が、騎士に対する非難の言葉を聞いた評議会（アテナの行政機関）を描写する場面がある。「聞いているうちに、評議会の皆が、たちまちヤマホウレンソウのように彼の嘘で頭がいっぱいになってしまい、カラシのように深刻な顔をして、眉をひそめました」〔『ギリシア喜劇全集1』より「騎士」／平田松吾訳／岩波書店〕。アリストパネスはここでは顔つきを風味に結びつけた。[5] マスタードを味わい、匂いをかぐという知覚体験が顔つきの比喩的表現に転換され、読者はかなり深刻そうな顔だと想像できるのだ。[5]

フランス語では、ひどく腹が立っている状態を「マスタードが鼻を抜けていく」と表現する。また、「自分をローマ教皇のマスタード係みたいに思っている」という慣用句もあり、これは自分を高く評価しているという意味だ。ローマ教皇ヨハネス22世（1249〜1334年）はたいそうマスタードを好み、バチカンに「ローマ教皇のマスタード係」という新しい地位をつくった。

アレクサンドル・デュマは『デュマの大料理事典』〔辻静雄・高橋邃右・坂道三郎訳／岩波書店／1993年〕にこう書いている。

> アヴィニョンの宮廷をあれほどまでに華やかなものにし続けた代々の教皇のなかでも、ヨハネス22世は食卓のよろこびをないがしろにはしなかった人であったが、猛烈なマス

タード好きで、どんなものにも入れたくらいであった。なにをやらせても役立たずの甥のひとりを扱いかねて、「教皇付主席マスタード係」に任じている。

こうして、自分のことを教皇の最初のマスタード係だと考えるようなうぬぼれの強い愚か者に関する慣用句が生まれた。この表現が最初に出てくるのは、『トレヴーの辞書 *Dictionary of Trevoux*』（1771年）だ。この逸話は19世紀の複数の辞書に出てくるが、やがて、フランス人の辞書編集者エミール・リトレが「教皇庁にマスタード係は存在しない」と発言したことで問題は決着した。

ドイツでは、マスタードを追加するとは、アメリカ英語の「give one's two cents（2セント渡す）」という表現と同じで、「つたない意見を述べる」または「会話に割りこむ」という意味を表す。オランダ語では、「マスタードの中を引きまわす」とは、「不愉快な目にあわせる」という意味だ。ドイツ人は50歳になると、「アブラハムを見る」または「サラを見る」と言われるが、これは聖書の1節（「ヨハネによる福音書」第8章57節「あなたは、まだ五十歳にもならないのに、アブラハムを見たのか」）を引用したもので、50歳になった人はマスタードが入った壺を贈られる。

この風習の正確な起源は不明だが、50歳になると人は「どこでマスタードを買えばよいか」

「スパイス——マスタード」と題のついたフランスの絵葉書。撮影：マニュエル・H（1905年頃）。

すなわち「人生の仕組み」がわかるようになることを示しているように思える。ルーマニアでは、怒りを爆発させている人のことを「マスタードが飛び降りそうだ」と言う。

◉宗教のなかのマスタード

マスタードの風味はその小さな種のなかに秘められている。それと同様に、宗教文学ならびに宗教色のない文学の寓話にも偉大さの種が包含されている。

仏教ではマスタードシードは重要な象徴として使われている。古代インドではマスタードは一般家庭の必需品であり、その種は人生のさまざまな障害に対抗する力を与えてくれる不可思議な物質と考えられていた。ヒンドゥー教と仏教のタントラでは、マスタードシード（サンスクリット語でサルシャパ sarshapa）は悪い影響に対抗する儀式で使われた。サルシャパルナ（直訳すると「赤いマスタードの悪魔」）は子供に取り憑く悪霊に与えられた名前で、おそらく猩紅熱《しょうこう》を指している。[6]

仏教の説話「キサーゴータミーとカラシの種」の教えは、死は人生の一部であると教える［日本の説話では「ケシの種」となっているが、本来はカラシの種］。キサーゴータミーはインド北部のサーヴァッティー（舎衛城《しゃえいじょう》）に住む裕福な男性の妻だった。彼女は一人息子を亡くして悲嘆に暮れ、仏陀のもとを訪れた。仏陀は、「もし死者を出したことのない家から白いカラシの種をもらってきたら、子供を生き返らせよう」と言った。キサーゴータミーは家から家を訪ね歩いた。カラシの種はどの家にもあったが、死を免れた家はひとつも見つからなかった。死について学んだキサーゴータミーは悟りを得、息子の死を受け入れられるようになって仏陀のもとへ戻った。[7]

ユダヤ教の教典では、宇宙はマスタードシードになぞらえられている。これは、現在存在するすべてのものは、宇宙誕生の瞬間には想像しうる最小の空間に詰めこまれていたことを示している。13世紀のユダヤ人学者ナフマニデスは、宇宙は創造の瞬間から拡大を続けていて、誕生の瞬間にはからし種ほどの大きさだったと述べている。「宇宙創造直後の瞬間、宇宙のあらゆる物質はきわめて狭い場所、一粒のからし種ほどの空間に圧縮されていた」[8]。

●聖書のなかのマスタード

聖書では「からし種のたとえ」のなかで、はじめは小さなものがやがて大きく育つ象徴として、黒いマスタードシードを使っている。「マタイによる福音書」第13章31〜32節にこう書かれている。

イエスは、別のたとえを持ち出して、彼らに言われた。「天の国はからし種に似ている。人がこれを取って畑に蒔けば、どんな種よりも小さいのに、成長するとどの野菜よりも大きくなり、空の鳥が来て枝に巣を作るほどの木になる。」

同じたとえは「マルコによる福音書」第4章30〜32節、「ルカによる福音書」第13章18〜19節、そして正典外の「トマスによる福音書」（第20章）にも出てくる。こうしてからし種の微小さは、小さな始まりの象徴となっていった。これらの話のなかで、食べ物と住みかを求める鳥たちが引き寄せられるとあるが、実際のところ、カラシナは木と呼べるほど大きくならず、巣作りをしようとする鳥を引き寄せることはない。カラシナが木になるというのは、本来の性質を超えて成長することを象徴的に表現しているのだろう。一般に、鳥はキリスト教に改宗した人として解釈されるが、教会に侵攻する悪魔的存在と解釈されることもある。[9]

いずれにせよ、マスタードシードは世界で最も小さい種子でもなければ、木に成長するわけでもないことを考えると、なぜ聖書のたとえにからし種が選ばれたのか、興味をそそられる。カラシナは木というよりは草である。古代ローマの博物学者、大プリニウスは「カラシナはまるで野草のように育つが、移植することで改良される。だが一方で、一度種をまいたら、その場所からカラシナが姿を消すことはまずない。種子が落ちるとたちまち発芽するか

十二使徒のひとりにからし種が大きく成長するようすを語るキリスト。ヤン・ルイケンによる銅版画（17世紀後半）。

らだ」と書いている。[10] おそらく聖書はそのたとえ話で、カラシナのたくましさと復元力を称えているのだと思われる。

「マタイによる福音書」第17章20節にはこう書いてある。

イエスは言われた。「信仰が薄いからだ。はっきり言っておく。もし、からし種一粒ほどの信仰があれば、この山に向かって、『ここから、あそこに移れ』と命じても、そのとおりになる。あなたがたにできないことは何もない」

今日では、一粒のマスタードシードがガラスにはめ込まれたネックレスを、信仰の印として購入できる。

◉マスタードシード街道

キリスト教徒は巡礼に出るときはマスタードシードを携え、巡礼の道に沿って育つことを願って、歩きながらカランナの種をまいたと言われている。そういう場所のひとつがカリフォルニア州の「聖書の道」だ。おそらく黄色い花の咲く時期には、この街道は宇宙からでも見えるのではないだろうか。カリフォルニア州モントレー郡ゴンザレスには、マスタードシードの街道を称える標識と壁画がある。

「マスタードシード街道」の伝説は、マスタードシードが入ったずた袋を運んでオローニ族の所有地を通って旅をしたポルトラ遠征隊に起源をもつ。遠征隊は冬に北へ向けて旅をした際に、歩きながら地面に種をまいた。すると、春に帰路をたどるときには黄色い花が道をつくっていたという。

ポルトラ探検隊は、1769年から70年にかけて現在のカリフォルニア州から新大陸に入り、探検をした記録のある最初のスペイン人——最初のヨーロッパ人でもある——である。遠征隊を率いたガスパル・デ・ポルトラは、カリフォルニアの初代総督となった。探検隊の3つのグループは海路を選んだが、ふたつのグループはラバの引く荷車を使って陸路を進んだ。

ポルトラ遠征隊の道は後に「エル・カミーノ・レアル（王の道）」と呼ばれるようになる。サンディエゴからソノマに至る1125キロの海沿いの道によって、フランシスコ会修道士が設立した21の伝道所がつながれていた。フランシスコ会修道士が旅人の道しるべになるように、未開の道に沿ってマスタードシードをまいたと多くの人が語っている。同じ道にブドウの木も植えられたと言われていて、そのためだろう、カリフォルニア州ではサンディエゴからソノマにかけて、ブドウ園に沿ってカラシナの群生が見られる。春になると、昔のカミーノ街道をたどるルート101沿いにカラシナが明るい黄色の花を咲かせる。

この話の真偽を明らかにするのは困難だ。カラシナはフランシスコ会修道士が到着する以前から、この道に沿って群生していたからだ。ポルトラ遠征隊の記録係、フアン・クレスピは、地元民によって草原が直前に焼き払われていたことを知ってひどく驚いたと書いている。だが、探検隊がその後マスタードシードをまいたという記述はない。さらに、1775年にスペイン人開拓者フアン・バウディスタ・デ・アンサが最初の入植者とともに連れてきた家畜の体のどこかにくっついていたマスタードシードがスペインから運ばれたという説もある。

わかっているのは、スペイン人がさまざまな植物をこの地域にもたらしたということである。なかでもカラスムギとカラシナは、20世紀になる頃には海沿いの牧場一面に生え茂るようになった。また、内陸部には野生の花、オランダフウロ、クローバーが多かったが、

1920年代に入る頃には、リバーサイドやサンバーナーディーノ［ともに現在のカリフォルニア州内陸部］の牧場ではカラスムギやカラシナの移植が進み、広い面積を覆うようになっていた。[11]

マスタードシードはコーランにも登場する。「軽いもの」を意味し、アラー神が生み出す正義を表現する場面で用いられている。「心のなかにからし種ほどの重さのイマン（信仰）をもつ者は地獄に堕ちることはない。心のなかにからし種ほどの重さの自尊心をもつ者は天国には入れないだろう」[12]。

●文学のなかのマスタード

世俗文学と慣習にも、マスタードへの言及は多い。16世紀フランスの人文学者で作家のフランソワ・ラブレーは、ふたりの巨人、ガルガンチュアとその息子パンタグリュエルの途方もない冒険物語を書いた。そのなかに、ガルガンチュアが、彼の粘液質と消化を治療するためにパリの王に晩餐に招かれ、自分の肩に4人の男を乗せてシャベルでマスタードを食べさせてもらう描写がある。

ラブレー著『異説ガルガンチュア物語』の挿絵から。ギュスターヴ・ドレ画（1873年）。

ガルガンチュアは生まれつき粘液質だったので、食事の初めには、幾打《ダース》かの燻塩豚《ハム》や燻製の牛の舌や鯔塩辛《ブウタルグ》や豚腸詰《アンドゥイ》など、その他酒の前触れとなるようなものを食べた。

その間にも、四人の家臣が、代わる代わる休む暇もなく、ガルガンチュアの口のなかへ、鋤匙《シャベル》に一杯辛子《からし》を盛りあげては投げこんでいた。[13]

──『ラブレー　第一之書　ガルガンチュア物語』［渡辺一夫訳／岩波書店から引用］

ガルガンチュアの食い道楽《グルマンディーズ》、つまり美味の認識の象徴としてのイメージは、20世紀初頭のマスタード製造者、チャールズ・デュモンが広告のなかで使用している。

チャールズ・デュモン社ディジョンマスタードのポスター（1910年頃）

ラブレーの同じ本には、サンダル島の修道士の食事に関する描写もあるが、普通と反対の順序で食事が進められる。最初にチーズを食べ、それからプディングとソーセージ、あらゆる肉、最後に、古代人が食べていたようにマスタードとレタスを食べる。これは、「肉の後にマスタードを食べる」ということわざをを地で行くものだ。マスタードは肉の前に食べるものとされていたので、このことわざは物事を間違った順序で行うことを意味する。

シェイクスピアの『真夏の夜の夢』では、「マスタードシード」はピーズブロッサム、コブウェブ、モスとともに、妖精の女王ティターニアの召使いの名前に使われている。『マクベス』では、勇敢で、名祖となったスコットランドの将軍が3人の魔女から、いつの日かスコットランドの王になるという予言を受ける。大釜をかき混ぜながら、2番目の魔女は魔法のレシピを与える。

おつぎは沼蛇《ぬまへび》のぶつ切りだ。
煮えろ、焼けろ。
いもりの眼玉に蛙の指さき、
蝙蝠《こうもり》の羽に犬のべろ、
蝮《まむし》の舌に盲蛇の牙《きば》、
とかげの脚に梟《ふくろう》の翼、
このまじないで、恐ろしい禍《わざわ》いが湧《わ》き起こる、
さあ地獄の雑炊、ぶつぶつ煮えろ、ぐらぐら煮えろ。（第4幕／第1場）
［『マクベス』福田恒存訳／新潮社から引用］

『マクベス』の魔女の大釜の中ではイモリの目がゆでられているが、これは他ならぬマスタードシードにほかならない。

シェイクスピアの『じゃじゃ馬ならし』では、ペトルーキオーの召使いグルミオーと、頭の回転が速く、言葉の辛辣なパドヴァのカタリーナとの間で以下のような会話が交わされる。カタリーナは夫ペトルーキオーの言いつけによりひもじい思いをしている（ペトルーキオーは結婚式にひどい服装で遅刻して現われ、式の間じゅう見苦しい振る舞いをして、披露宴にも出ずにカタリーナを田舎の別荘へ連れて帰り、そこで彼女が自分のすべての気まぐれに従うようになるまで、食べることも、眠ることも、着飾ることも許さないと告げた）。

グルミオー　ビーフに辛《から》しというのは、いかがなもので？
カタリーナ　好物よ、よく食べるわ。
グルミオー　しかし、辛しっていうのは、少々強すぎるかな。
カタリーナ　何でもなくてよ。それならビーフだけにして、辛しはつけなければいいのだもの。
グルミオー　それはいけません。辛し無しなんて。このグルミオーがビーフだけ持って来られますか。
カタリーナ　それなら、両方、もちろん片方だけでもいいわ。いいえ、何でも持って来られるものでいいの。

グルミオー　さようでございますか。じゃ、ビーフぬきの辛しだけということに。
カタリーナ　行ってしまえ、この大嘘《おおうそ》つき、（グルミオーを打ち）食べ物の名前だけ食べさせる気だね。みんな、ひどい目にあうがいい、寄ってたかって、あたしをいじめて喜んでいる。行ってしまえというのに。（第4幕／第3場）
［『じゃじゃ馬ならし・空騒ぎ』福田恒存訳／新潮社から引用］

宗教、文学、慣用句でマスタードに与えられてきた多くの意味を考えると、マスタードが強さ、小さな始まり、成長、信仰、情熱という性質の象徴および比喩となってきた経緯がわかってくる。料理や言語、文学に、マスタードほどピリッとした趣を与えられる植物はほかにない。

第4章◉神話と医療のなかのマスタード

◉薬としてのマスタード

多くの文化において、マスタードには数々の刺激的効能があると信じられていて、そのため、世界中でさまざまな神話のインスピレーションの源となった。

大プリニウスはマスタードを女性の倦怠感の治療法に挙げている。ドイツの民話では、結婚式で新婦のウェディングドレスのすそに縫いつけたマスタードシードは家庭に活力をもたらすと考えられた。ベンガル地方とインド北部では、悪霊を追い払うためにマスタードシードと塩を混ぜたものを病人の頭の周囲に振りまき、その後火中に投じる。インドでは、マスタードシードは新生児と妊婦を守るとも信じられていた。[1] 古代中国と中世ヨーロッパでは、マスタードは血液循環をうながすことから媚薬と見なされていた。
人類の文明のごく初期から、マスタードは薬として使われていた。紀元前２１００年頃の古代シュメール文明の楔形《くさびがた》文字の粘度板のなかには、世界最古の薬としてのマスタードの製法を書いたものがある。

カメの甲羅に、発芽したナガ［トウガラシの一種］、塩、カラシを一緒にふるいにかけて練り合わせる。患部を上質のビールと熱い湯で洗い、それ（練り合わせたもの）でこすり洗いをする。洗ったあと、植物油をすり込み、モミの木の削りくずで覆う。[2]

中国の漢方医学によると、マスタードはエネルギーの循環を促進し、体を温め、痰《たん》を排出する。陰《いん》（女性的な性質、受動的、暗）と陽《よう》（男性的性質、能動的、明）のバランスは摂取する食品によって保たれると考えられ、中国では今日でも、マスタードシードは風邪、胃の疾患、リウマチの治療に使われている。インドの聖典『ヴェーダ』に記されているアーユルヴェーダ医療によると、体には３つの基本物質、すなわち精気、粘液、胆液が含まれている。マスタードは刺激物質であり、代謝を調節し、粘液の粘性を低下させ、消化を促進するという。

カラシナと蝶を描いた掛け軸。明王朝初期または中期（15～16世紀）の作品。

ヨーロッパでも、古代からマスタードは食欲を増進し、胃を強化し、消化を助けると信じられていた。ピタゴラスは、マスタードシードは消化促進物質のなかでも最も有効なものであり、すみやかに脳に影響を与えると述べている。序章で記したように、食品は人間の体液に直接影響をおよぼすが、特に食品の組み合わせにより、バランスの取れた健康な体を維持することができる。コショウ、シナモン、マスタードのようなスパイスは、「温《おん》」で「乾《かん》」と見なされ、薬や湿布の主成分として使われた。

ギリシアの医師ヒポクラテスによると、マスタードは「温の食べ物で、便としてすみやかに排泄されるが、尿ではなかなか排泄されない」[3]そうだ。「温」で「乾」のマスタードは、低温状態を緩和する。そのため、消化器官や肺に有効で、慢性のせき、くしゃみ、痰を抑えるはたらきがあると考えられた。筋肉痛への塗り薬としても使われた。さらに、マスタードは口から摂取しても薬効があり、肉のような「冷《れい》」で「湿《しつ》」の食品を補完するはたらきがあると信じられていた。

また、マスタードは催吐薬《さいとやく》として、すなわち吐き気を催させるためにも用いられた。ギリシア神話のティターン［ガイアとウラヌスの間に生まれた12人の巨人の神々］のひとりで大地および農耕の神クロノスは、姉であり妻であるレアーとの間に6人の子供、デーメーテール、ハーデース、ヘーラー、ヘスティア、ポセイドーン、ゼウスをもうけた。クロノスは母ガイ

マスタード壺に使われた錫釉をかけた土器。シチリア製（17世紀）。

アから、子供のひとりの手にかかって追放される運命だと警告される。クロノスは子供の力に腹を立て、子供たちを食べてしまおうと決意し、ゼウス以外の子供全員を食べてしまう。レアーが赤ん坊のゼウスを隠し、こっそりと石と入れ替えたため、ゼウスは成長し、クロノスに催吐薬――マスタード、塩、ハチミツを混ぜたもの――を飲ませ、胃のなかのものを吐き出させた。ゼウスはマスタードを使って、きょうだいを救出したのだ。[4]

ルネサンス期の特権階級が楽しんだ晩餐ではマスタードは欠かせない食品で、洗練された風味と見なされていた。産業革命後、製造技術の進化によってマスタードは広く使用されるようになり神秘性は薄れたものの、消化を促進するという効果は現在も有効だと認識されている。

マスタードによる治療の対象は胃だけではなかった。1世紀のギリシアの医師ディオスコリデスは『薬物誌 *De re medica*』で、扁桃腺の腫れからてんかんまで、あらゆる症状がマスタードで治療できると書いている。マスタードは膏薬、湿布、入浴剤など、さまざまな形で治療に使われた。

数世紀にわたってマスタードが医療に使われた最も一般的な方法は、膏薬または湿布で、ギリシアの医師ヒポクラテスも気管支炎と肺炎に有効だと推奨している。ヒポクラテスは痰、リウマチ、関節炎の治療にマスタードの膏薬を処方し、包帯のように巻くよう指導した。古代ローマの大プリニウスも、蛇に咬まれたりサソリに刺されたりしたときの治療に、挽いて粉末にしたマスタードシードとビネガーを混ぜた湿布を勧めている。ペースト状にしたマスタードは布に伸ばして患部や皮膚に貼る方法が用いられた。こうすると、湿布が熱を発して皮膚から毒を引き出すと考えられたのだが、時には熱くなりすぎて、やけどを起こすこともあった。

7世紀ビザンチン帝国のギリシア人医師、エギナのポールは、世界で最も早く医学書を著した人物のひとりと見なされているが、その医学百科事典『7冊の医学全書 *Medical Compendium in Seven Books*』で、マスタードの使用法を詳細に述べている。彼はマスタードのさまざまな効用について述べているが、そのなかには体を温め、難聴や消化不良を緩和し、痰の排出を助けるはたらきが含まれている。また、気鬱《きうつ》、無気力、心臓疾患の予防手段として、マスタードの膏薬を使用することにも言及している。[5]

アラブ世界でも同様に、マスタードは医療効果をもつ物質と認識されていた。10世紀のアラブ人医師イブン・アル＝ジャッザールは、イスラム世界の医術に関する著作で有名だが、マスタードで刺激を与えてくしゃみを出させる温熱治療を推奨している。当時くしゃみは、病気の原因となるさまざまな物質を排出する効果があると考えられていた。[6]

中世以来、フランスやイギリスをはじめとするヨーロッパ各地で、マスタード入り膏薬が

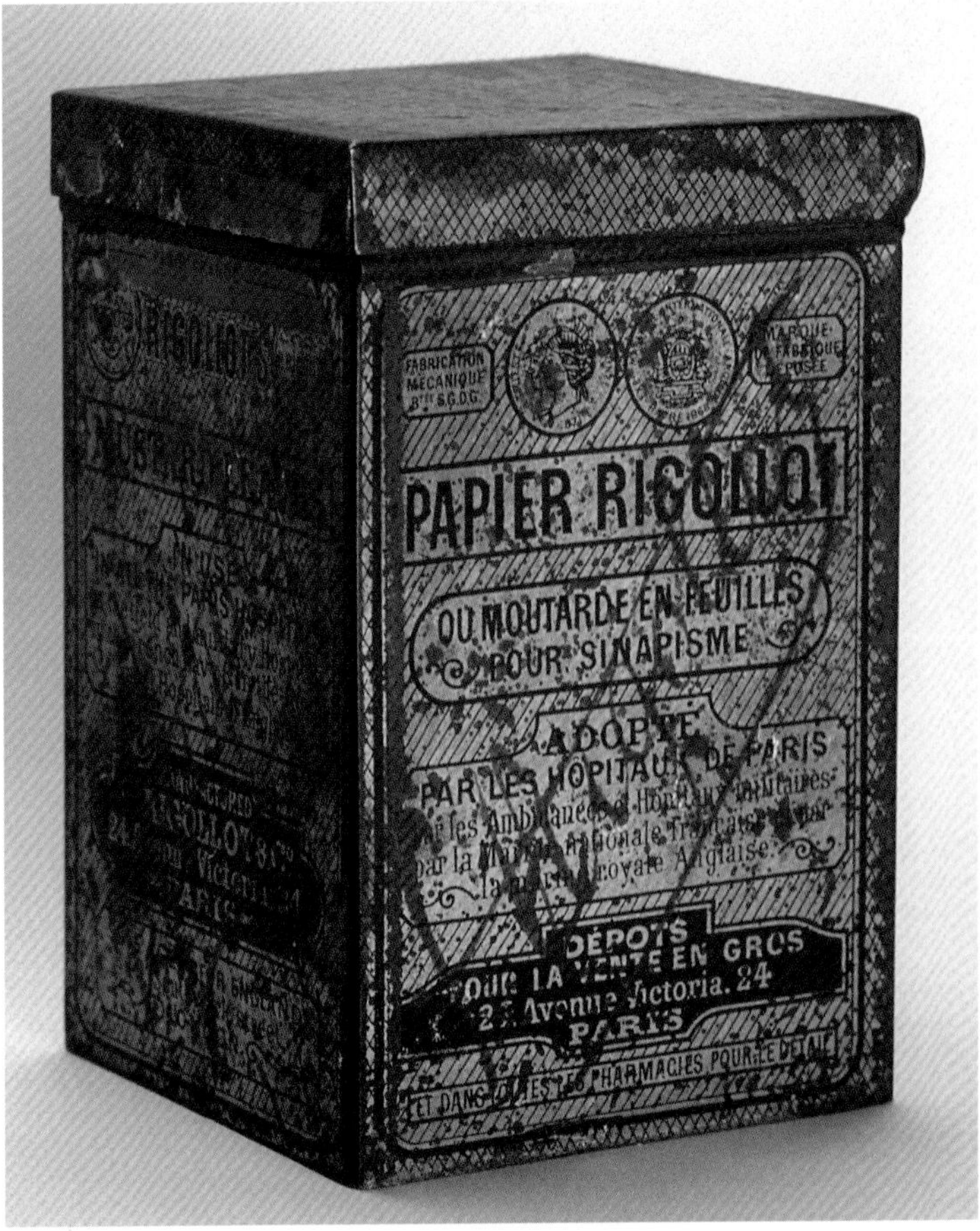

湿布に使われたマスタードペーパーが入ったリゴロ社の金属製の箱（19世紀）

処方されてきた。この治療法はヨーロッパから新大陸へ広まり、20世紀初頭まで広く使われていた。粉末マスタードも獣医が馬や牛の湿布に使っていた。1866年、フランス人医師ポール・ジャン・リゴロは「マスタードペーパー」を商品化した。

シナピズムと呼ばれたこの発明品は、ブラックマスタードの粉末を含む膏薬を紙に塗ったもので、患部に貼って炎症を軽減するために使われた。この湿布は1867年のパリ万国博覧会に出品され、パリの病院および陸軍病院、イギリスとフランスの空軍でも、このマスタードペーパーを呼吸器疾患の患者の治療に使った。このペーパーが缶入りで販売されると、考案者にちなんで「リゴロのペーパー」と呼ばれた。

フランスでは現在でも、リゴロのマスタード入り膏薬はシナピズムという名称で販売され、充血除去剤として、あるいは風邪、せき、気管支炎を緩和するために使われている。使用に際しては、成人で1日2〜3枚を、水か40度以下のぬるま湯で湿らせ、胸(乳房は避ける)、腰、喉の上に置き、乾いたタオルで覆って皮膚が赤みを帯び、温かくなるまで(約8〜12分間)貼っておくといいそうだ。

19世紀末にはアメリカでも、ディーン・プラスター社やシーベリー&ジョンソン社(ロバート・ウッド・ジョンソンが弟ふたりとジョンソン&ジョンソン社を創立する前に始めた会社)など、マスタード湿布の会社が誕生した。その後もジョンソン&ジョンソン社やマスタロー

ディーン社の缶入りマスタード湿布

ル社がさまざまな痛みや打ち身による内出血を緩和する湿布を販売したが、やがてマスタードが含まれていない、刺激の少ない新商品、ヴィックスヴェポラップが売り出された。

　マスタードはさまざまな疾患を治療するため、入浴剤、軟膏、口内洗浄液にも使われた。1802年にパリで出版された『家庭医学 *Medecine Domestique*』では、マスタードとホースラディッシュを加えた足湯や、口内洗浄液「ロー・ド・ヴィー（命の水）」のほか、舌の麻痺にマスタード、歯痛にはすりつぶしたマスタードシードの使用を勧めている。[7] 熱めの湯に粉末マスタードを加えた足湯は、イギリスでつ

コールマン社のホッキョクグマ（1950年代の広告から）

牛に引かせた圧搾機でマスタードシードからオイルをしぼる。インド。

い最近まで風邪の治療法として好まれていた。これはマスタード入りの湯で足の血行を刺激することで、頭や肺の血流を改善するというものだ。

ネパールでは、インド、パキスタン、バングラデシュと同様に、マスタードは主に料理用の油として使われている。ただし、インド北部に住むベーダ人は、マスタードオイルを医療や宗教的儀式に使っていた。ネパールでは、マスタードオイルは儀式の際に、頭や体を洗い、浄化するために使用されている。ネパール人は髪や体の痛みをマスタードオイルでマッサージする。オイルはマスタードシードを搾って加熱したもので、マスタードソースに感じる匂いや辛みは取り除かれている。

ネパール中央部に住む先住民族のタルー族の文化では、社会的儀式の一環として女性は部族の長老から入れ墨を受ける。その際にはマスタードオイルと牛糞を混ぜたものを使い、それをニーム（センダン科の熱帯産の木）のトゲに塗って皮膚に刺すが、マスタードオイルとニームの両方が消毒剤の役割を果たす。タルー族の人々は、死ぬときは何も持っていけないが、入れ墨だけは持っていけると信じている。天国への道で苦難に出会ったときには入れ墨を売り、それで天国への旅を楽にできるという。幼い子供に入れ墨を施すことは、病気や悪霊から子供を守るとも信じられている。

●アレルゲンとしてのマスタード

マスタードは薬であるとともに、アレルゲン（アレルギー誘発物質）でもある。カナダ、イギリス、ＥＵでは、梱包された状態で販売される食品にマスタードが使用されている場合は、成分リストに明記することが義務付けられているが、アメリカではその規制はない。マスタードに含まれる主要なアレルギー誘発性タンパク質は熱に強く、食品加工にあまり影響を受けない。マスタード・アレルギーはきわめてまれだが、フランスとスペインでやや多く見られる。

マスタードに含まれるもうひとつのアレルゲンは、亜硫酸塩《ありゅうさんえん》だ。市販されているマスタードの大部分には、色と風味を維持するためにメタ重《じゅう》亜硫酸カリウムとメタ重亜硫酸ナトリウムが添加されていて、日持ちを良くしている。ほとんどの人は亜硫酸塩にアレルギーはないが、亜硫酸塩が添加されている場合は、ラベルにアレルゲンとして表示されている。亜硫酸塩はドライフルーツやワインなど、他の多くの食品にも使用されている。

◉マスタードの筋力増強効果

マスタードは昔の薬であるだけではない。今日のランナーのなかには、マスタードの小袋を携帯し、走っている最中に脚がつると――筋けいれんを起こすと――それを軽減するためにマスタードを摂取する者もいる。けいれんは脱水やアセチルコリンの不足によって引き起こされると考えられている。アセチルコリンはコリンと酢酸《さくさん》で構成される化学物質だ。マスタードには、ビネガーと同様に、酢酸だけでなく、電解質としてソジウム（ナトリウム）、それに多くの場合、抗炎症作用をもつターメリックも含まれている。だからアメリカのランナーはフレンチマスタードを、時にはピクルスジュースを携帯する。

しかしながら、最近の科学的研究は、筋けいれんは生理的というよりは神経的問題であることを示唆している。コショウ、ショウガ、マスタード、シナモンなどの食品抽出物には運動に関連した筋けいれんを軽減する効果があることが認められ、これらの食品抽出物を摂取しても血漿電解質濃度に影響しないことが確認された。それどころか、これらの食品抽出物は、ＴＲＰ（一過性受容体電位型）チャンネル、すなわち口、食堂、胃にあるイオンの流れを調節するイオンチャンネル群――つまり、細胞膜のソジウムやカリウムのような荷電粒子――を活性化させ、過興奮した運動ニューロンを抑制すると考えられている。このようにニューロンが過興奮することによって筋肉はけいれんすると言われている。

最近のエビデンスから、シナモン、コショウ、マスタードの経口摂取は筋けいれんの度合いや期間を低下させることが証明されたが、おそらくそれは神経細胞の興奮性を減衰させるからだろう。[8] メカニズムがどうあれ、こうした研究によって、マスタードを摂取すると筋けいれんが軽減されるという神話が裏付けられたのはよろこばしいことだ。結局のところ、私たちは多くの健康上の恩恵を考えるまでもなく、マスタードを食卓に置き、たっぷり使っていたというわけだ。次は、スパイス、ソース、オイル、野菜として私たちの味覚を楽しませてくれている、世界各地のマスタードの一般的な使用法を見ていこう。

第5章◉メニューのなかのマスタード

◉マスタードの栄養学

古代ギリシア人は粒のマスタードシードを肉と一緒に食べていた。ローマ人はホウレンソウによく似たカラシナを食べ、マスタードシードで肉に風味付けをした。中世のほとんどの期間、スパイスは大変高価で一般大衆には手が届かなかったので、貧しい人々は他のスパイスの代わりにマスタードを使っていた。今日でもマスタードは家庭には欠かせない食材で、オイル、シード、ソース、調味料、野菜などさまざまな形で料理に活用され、風味と刺激的なアクセントを与えている。また、その機能特性のために、ほかのソースに加えられることもある。

マスタードシードには高い割合で油脂（約40パーセント）とタンパク質（約25パーセント）が含まれ、食物繊維と抗酸化物質も豊富に含まれている。化合物のいくつか、特にイエローマスタードの化合物には独特の性質があり、それによって重要で機能的な食材と見なされている。化合物のひとつは種皮《しゅひ》から分泌される粘液だ。この粘液には水分を吸収して保持するはたらきがあり、この性質はホットドッグをはじめとする加工肉食品を製造する際に重要な役割を果たす。それゆえ、マスタードは単にソーセージに塗ってホットドッグの風味を増すだけでなく、その肉質にも良い影響を与えている。

イエローマスタードのもうひとつの価値ある性質は乳化性《にゅうかせい》だ。この乳化性によって、液体をほかの液体のなかにとどめておくことができる。つまり、油分を水分中にとどめておくことができるわけで、たとえばサラダドレッシングやマヨネーズにとっては重要な性質だ。ビネグレット・ソースは、オイル、ビネガー、マスタードをはじめとするいくつかの調味料からつくられる伝統的な水中油滴《ゆてき》型エマルション［水分のなかに油滴が分散している型のエマルション（乳濁液）］で、マスタードが乳化剤としての役割を果たしている。特に、マスタードに含まれる天然の粘液のネットワークが油分と水分を乳化する。ビネグレット・ソースに含まれるマスタード以外の一般的な材料はハチミツだ。ハチミツは乳化剤ではないが、そのドロッとした粘度の高さによって混合物が安定する。

ソーセージに塗ったイエローマスタード

マヨネーズ、ビネグレット、マリネード、オランデーズ、それにもちろん、ハニーマスタード・ソースなど、最も一般的なソースにはマスタードが含まれている。マスタードを入れることによって、ソースにビネガーや塩分が加わる。マスタードはソースに、風味だけでなく結合性をも与えるのだ。しかしながら、分子ガストロノミー［調理を物理的、化学的に解析した科学的学問分野］の父と呼ばれるエルヴェ・ティスは、マヨネーズにマスタードを入れるべきではない、入れるならレムラード・ソース［マヨネーズにマスタード、ピクルス、ケイパー、ハーブなどを加えてつくソース］と呼ぶべきだと警告している。[1]

実際、1839年に出版された『新しい味覚の生理学――アルファベット順 *Neo-physiologie du gout par ordre alphabetique; ou, Dictionnaire general de la cuisine francaise ancienne et modern*』のような著書には、マスタードを使わないマヨネーズのレシピが掲載されていた。その代わり、マスタードはレムラード・ソース、ソース・ヴェルト［マヨネーズにタラゴン、クレソン、キュウリなどが入ったグリーンソース］、ソース・ロベール［飴色に炒めたタマネギに白ワインとブイヨンを加えて煮込み、仕上げにビネガーとマスタードを加えたソース］に使われている。[2]

「近代フランス料理の父」とも呼ばれるオーギュスト・エスコフィエは、1902年に第1版が出版された『料理の手引き *Le Guide Culinaire*』で、マスタードを加えないマヨネーズのレシピを紹介し、マスタードはホースラディッシュを使ったソース・レフォール、クリームを使ったソース・ムータルド・ア・ラ・クレームなどのソースに使っている。[3] エスコフィエはレムラードを、マヨネーズとマスタード（それにケイパー、ガーキン［ピクルスに使用される若いキュウリ］、パセリ、チャービル、タラゴン、そして「スプーン半杯のアンチョビオイル」）からつくるソースと記載している。

では、マヨネーズにマスタードを加える方法は、どのようにしてフランス料理の技法として知られるようになったのだろう。1914年に出版されたテオドール・グリンゴワールとルイ・ソルニエ著『フランス料理総覧 *Le Repertoire de la cuisine*』には、マヨネーズにマスタードを加える方法について言及されていて、そこからフランスの家庭に広まり、フレンチマヨネーズとして世界に広まっていったと考えられる。[4]

マスタードの風味は加熱によって変化しないが、辛みは減少する。そのため、マスタードは調理の最後に加えるほうが良い。繊細な風味をもつマスタードを熱い料理に加えるのはお勧めできない。ディジョンマスタードやオールドタイプマスタード［1720年以前の製造方法によって作られるマイルドなマスタード］などは比較的加熱に向いたマスタードと言えるだろう。

マスタードオイルとマスタードシード

◉さまざまな食べ方

マスタードは多くの料理に加えることができるが、基本的なマスタードは、オランダやベルギー北部のマスタードスープのように、スープに入れるのも一般的だ。家庭料理によくあるような、食べると心が安らぐ無名の料理にも、マスタードはよく使われている。

また、戦時中のエピソードにもマスタードは登場する。第一次世界大戦中のイギリスのナショナルキッチン［困窮した人々に無料または安価で食事を提供した慈善団体］のポティッド・チーズ（残り物のチーズのかけらをマスタードやマーガリンと混ぜ、オーブンで焼いてビス

ブラックマスタードシード

ケットやトーストに添えて出す料理）や、第二次世界大戦中にレニングラードの住民がつくったマスタード入りのドーナツなど、いくつかの料理がマスタードに由来する。

インドの多くの州、特にベンガル州とカシミール州では、料理によくマスタードオイルが使われる。蒸した魚や野菜、米を膨らませた料理などは、つねにマスタードオイルで調理したり、上からかけたりする。だが、マスタードオイルには人体に悪影響をおよぼすと思われる物質も一部含まれているため、欧米の国々のなかには、マスタードオイルの販売を禁止または規制する国もある。

ブラックマスタードシードは、インド南部およびベンガル地方のパンチフォロンという5種類のスパイスミックス（マスタードシー

マスタードシードのピクルス

ドのほかにシナモン、フェンネル、ニゲラ、フェヌグリーク）など、いくつかの伝統的なスパイスミックスの材料として使われる。[5] パンチフォロンはテンパリング［適切な温度に温めること］を行ってから、料理の最初または最後に加える。スパイスのテンパリングはタドカ（またはタルカ）と呼ばれ、熱したオイルかギーの中でスパイスを温める。このひと手間によってスパイスの香りが一層引き立つようになる。

ベンガル人の間では、カスンディと呼ばれる、挽き立ての辛みの強いマスタードが入ったピクルスが広く使われている。カスンディは粉末マスタード、マスタードオイル、レモン汁または戸外で保存された酸味の強いグリーンマンゴーからつくられ、伝統的な食べ方としては、野菜、苦みのあるウリ科の実、米とともに供される。[6]

カラシナの葉は野菜として食用にされる。特に、ブラックマスタードシードとマスタードオイルを採るために栽培されるカラシナ（学名 *Brassica juncea*）の葉と茎は、マスタードの仲間のなかで野菜として食される代表的なものだ。カラシナと同じアブラナ科の野菜には、亜変種も含めると、葉ガラシ、赤カラシナ、高菜、ニンニクガラシ、シロガラシ、タニクタカナ、大頭菜、大心菜、ネガラシ、ザーサイなど、覚えきれないほどたくさんの呼び名がある。どんな形にせよ、この野菜はアジア、ヨーロッパ、アメリカ、アフリカの料理に登場する。

カラシナはアジアでは炒めて食されることが多い。インドでは葉を細かく切ってバターかギーで熱し、サーグと呼ばれるカレー料理に加えてローティやナンといったパンとともに食される。韓国ではカラシナを塩漬けにしてスパイスを加え、シュリンプペーストや塩辛を混ぜたペーストで乳酸醗酵させ、カッキムチをつくる。ネパールでは肉と一緒に圧力釜で調理したり、アチャールと呼ばれるピクルスにしたりする。中国南西部では、こぶしのような形のザーサイを一度塩漬けし、その後赤唐辛子などと一緒に本漬けされる。

その葉も種もオイルも、食材やスパイス、ソースとしてさまざまな使い道があるので、マスタードは世界中のほとんどの家庭で見つけることができる。このように用途が広く、しかも入手しやすいために、マスタードはこれほど親しまれ、しかも刺激的な食品になったのだろう。

マスタードブレッド

謝辞

本書は2008年にディジョンのアモラ社とマイユ社の工場で働いて過ごした半年間の努力のたまものだ。ディジョンでの滞在によって、私の心は黄色い調味料（とブルゴーニュワイン）への愛で満たされ、私はそれまで以上に料理の分野に仕事の重点を置くことになった。

マスタードに関する情報は、その種子と同様に、世界中に散在している。世界のあらゆる場所に、豊富な情報が存在している。私は多くの人の助けを得て、マスタードの歴史の種子にふれることができた。ユニリーバ・アーカイブ社のルース・ラウリーとルーシー・マット、ユニリーバ・マーケティング社のアンドレア・ルチサーノ、エドモン・ファロ社のマーク・ディサルメニエン、フェ・ティーレンタイン・フェルレント社のナタリー・ヴェランネマン、フェルディナンド・ティーレンタイン社のバーナード・デスルモーに感謝したい。ナショナル・マスタード・ミュージアム設立者バリー・レベンソンは、マスタードの世界に関する厖大な知識を親切に教えてくださった。ブルゴーニュ生活博物館のクリスティン・ペレスには歴史的画像について助言をいただいた。ケン・アルバーラ教授からは歴史的資料やラテン語の翻訳について多大なご助力をくださった。マリー・ソフィー・ズワルト、マッテオ・エウロペオ、ニコラス・ラドレンジ、リン・アーチャー、ラーフル・シンデは、有益なファクトチェッキングで貢献してくださった。このシリーズの編集者アンドルー・スミスと出版者のマイケル・リーマンの貴重な意見と提案によって、本書をより良い本にすることができた。

最後に、夫のルカは私と一緒に大量のマスタードを味わってくれた。その限りないサポートと情熱に感謝している。執筆中には息子のアドリアーノが私たちの人生に加わり、たくさんの愛とマスタードについての究極の気づきをもたらしてくれた——健康な赤ちゃんのウ◯チは鮮やかなマスタードイエローなのだ！

訳者あとがき

マスタードと人類の出会いは古く、本書によると「少なくとも4000年前から歴史に登場し、2世紀からヨーロッパのレシピにその名が記されている」ということです。マスタードは古代から現代にいたるまで、世界各地で製造され、愛用されてきました。

本書『「食」の図書館　マスタードの歴史 *Mustard: A Global History*』は、イギリスのReaktion Booksが刊行しているThe Edible Seriesの一冊で、このシリーズは2010年、料理とワインに関する良書を選定するアンドレ・シモン賞の特別賞を受賞しました。

著者のデメット・ギュゼイはイタリアのベローナに本拠を置くフードライターで、パリの料理菓子専門学校ル・コルドン・ブルーで講義も行っています。

世界各地のマスタードについてはくわしく述べられていますので、日本のカラシ事情について少し補足しておきたいと思います。

植物としてのマスタード（カラシナ）は、弥生時代に中国から日本に伝わったと言われています。平安時代の本草書に「加良之」という記載が見られるそうです。生薬としては芥子《がいし》と呼ばれ、現在でも漢方で健胃薬《けんいやく》や去痰薬《きよたんやく》として用いられています。漢字で芥子と書くと、ケシと同じで紛らわしいですが、これはケシの種子がカラシナの種子とよく似ていたために、室町時代に誤用されたものが定着したというのが一般的見解のようです。どちらも微小な粒ですが、カラシナの種子は球状、ケシの種子は腎臓のような形と、外見から異なります。

明治時代になってから、カラシの原料として輸入されはじめたものがセイヨウカラシナです。カラシナとは学名も同じ *Brassica juncea* で、同じ植物として扱われています。これを粉末にしたものが和がらしですが、粉のままでは辛みはなく、水か湯で練って初めて辛みが感じられるようになります。40度ぐらいのぬるま湯で溶くと、辛み成分が最も活性化するそうです。

現在日本で「カラシ」として最も普及しているのは、チューブに入った「ねりがらし」でしょうか。これには辛み成分を安定させるために、油脂や増粘剤などが添加されています。

手軽にチューブ入りのねりがらしを使う人が多い一方で、粒マスタードを手づくりしている人が、日本にも結構おられるようです。河原などに自生しているカラシナの収穫から始める方もあり、カラシナと菜の花の見分け方（花弁と葉の付き方が違うそうです）に始まり、収穫時期の見きわめ、種の取り方（ビニールシートの上にカラカラに乾燥した枝を広げて足で踏む）などをブログに上げておられるのを興味深く読みました。材料は基本的にはマスタードシード、酢（ビネガー）、塩。製造過程も思ったよりシンプルで、マスタードシードを通販で購入すれば、より手軽に楽しめそうです。

マスタードは世界の多くの地域で、まずその薬効によって注目され、それから料理に使われるようになりました。本書では消化器や呼吸器の疾患、それに筋肉のけいれんへの効果が紹介されています。筋けいれんに関しては、陸上ランナーだけでなく、航空会社のキャビンアテンダントのなかにも、マスタードの小袋を携帯している方がおられるそうです。飛行機のなかで長時間座りっぱなしで脚がつったとき、ＣＡさんに伝えてみたら、もしかしたら「どうぞ」とマスタードを差し出してもらえるかもしれません。

マスタードはほかにも、アンチエイジング、育毛、免疫力アップにも有効であることがわかっています。こうした健康への効果も含め、本書がマスタードとのより深い、実（種？）のあるおつきあいのきっかけになれば幸いです。

最後になりましたが、本書の翻訳にあたり、原書房の中村剛さん、オフィス・スズキの鈴木由紀子さんに大変お世話になりました。心よりお礼を申し上げます。

2020年12月

元村まゆ

写真ならびに図版への謝辞

著者と出版者は、図版の提供と掲載を許可してくれた関係者にお礼を申し上げる。

Karin Anderson of hanseata.blogspot.com: p. 154; ©Amora Collection: p. 46; Courtesy of Zosia Brown: p. 55; Namiko Chen of www.justonecookbook.com: p. 92; Demet Güzey: p. 44; Develey Company: p. 61; Courtesy of Edmund Fallot Mustard Makers: p. 51; Istockphoto: p. 6 (undefined undefined); Luise Händlmaier GmbH: p. 62; Hudson-Fulton Celebration Commission Records: p. 98; Courtesy of Barry Levenson of the Mustard Museum: pp. 106, 108, 109, 138; Los Angeles County Museum of Art (LACMA): p. 131; © Maille Collection: p. 48; The Metropolitan Museum of Art, New York: pp. 23, 24; McCormick & Company, Inc: p. 102; Musée de la Vie Bourguignonne Perrin de Puycousin, Dijon: pp. 18, 40, 42, 44, 47, 124, 136 (Photos F. Perrodin), 115; National Gallery of Art, Washington, DC: p. 112; Paris Museum Collection: p. 35; Saskatchewan Mustard Development Commission: pp. 14, 32, 147 (Renée Kohlman), 152 (Renée Kohlman); © The Board of Trustees of the Science Museum: p. 133; © SPERLARI: p. 83; Courtesy of Tierenteyn-Verlent: p. 58; Unilever Archives: pp. 69, 72, 76, 77, 79, 139; Courtesy of Van Gogh Museum, Amsterdam (Vincent van Gogh Foundation): p. 60; Wellcome Collection: p. 119; Wiki-media Commons: pp. 53 (Fonquebure CC BY-SA 3.0), 97 (Czar), 98 (Christopher Macsurak CC 2.0), 150 (Biswarup Ganguly CC BY 3.0), 151 (Sanjay Acharya CC-BY-SA 3.0).

Messibugo, Cristoforo di, *Libro novo* (Venice, 1557)

Milham, Mary Ella, trans., *Platina, On Right Pleasure and Good Health: A Critical Edition and Translation of De Honesta Voluptate et Valetudine* (Tempe, AZ, 1998)

Pegge, Samuel, *The Forme of Cury: A Roll of Ancient English Cookery Compiled, about AD 1390* (London, 2008)

Pliny, *Natural History*, vol. V: *Libri XVII-XIX*, trans. H. Rackam (Cambridge, MA, 1950) [『プリニウスの博物誌』中野貞夫・中野里美・中野美代訳／雄山閣／1986年]

Rudolph, Kelli C., ed., *Taste and the Ancient Senses (The Senses in Antiquity)* (London, 2017)

Scully, Terence, 'Tempering Medieval Food', in *Food in The Middle Ages: A Book of Essays*, ed. Melitta Weiss Adamson (New York, 1995), pp. 3-23

Smith, Andrew F., ed., *Savoring Gotham: A Food Lover's Companion to New York City* (New York, 2015)

This, Hervé, *Kitchen Mysteries: Revealing the Science of Cooking*, trans. Jody Gladding (New York, 2010) [エルヴェ・ティス著『フランス料理の「なぞ」を解く』須山泰秀・遠田敬子訳／柴田書店／2008年]

Tirel, Guillaume, *The Viandier of Taillevent*, ed. Terence Scully (Ottawa, 1988).

Wallis, Faith, ed., *Medieval Medicine: A Reader* (Toronto, 2010)

参考文献

Albala, Ken, *Eating Right in the Renaissance* (Berkeley, CA, 2002)

Anonymous, *Néo-physiologie du gout par ordre alphabétique, ou dictionnaire général de la cuisine française ancienne et modern*, 2nd edn (Paris, 1853)

Ballerini, Luigi, and Massimo Ciavolella, eds, *The Opera of Bartolomeo Scappi (1570): L'arte et prudenza d'un maestro cuoco* (The Art and Craft of a Master Cook), trans. Terence Scully (Toronto, 2008)

Banerji, Chitrita, *Bengali Cooking: Seasons and Festivals* (London, 1997)

Carême, Marie Antonin, *L'art de la cuisine française au dix-neuvième siècle* [1833-44] (Paris, 1854), pp. 103-4

Cavalcanti, Ippolito, *Cucina Teorico-pratica*, 2nd edn (Naples, 1839)

Child, Julia, Louisette Bertholle and Simone Beck, *Mastering the Art of French Cooking* (New York, 1961), vol. I

Columella, Lucius Junius Moderatus, *De re rustica*, ed. A. Millar (London, 1745)

Dumas, Alexandre, 'Étude sur la Moutarde, par Alexandre Dumas', in *Le Grand Dictionnaire de Cuisine, 'Annexe'* (Paris, 1873) [アレクサンドル・デュマ著『デュマの大料理事典』辻静雄編集・翻訳／林田遼右・坂道三郎訳／岩波書店／1993年]

Escoffier, Auguste, *Le Guide Culinaire: aide-mémoire de cuisine pratique, avec la collaboration de mm. Philéas Gilbert and Émile Fétu*, 3rd edn (Paris, 1912)

Gringoire, T. H., and L. Saulnier, *Le Répertoire de la cuisine*, 3rd edn (London, 1923)

Kitchiner, William, *Apicius Redivivus; or, The Cook's Oracle* (London, 1817)

Lewicka, Pauline B., 'Description of Mustard (*şifat khardal*)', in *Food and Foodways of Medieval Clairenes: Aspects of Life in an Islamic Metropolis of the Eastern Mediterranean* (Leiden, 2011)

McGee, Harold, *On Food and Cooking: The Science and Lore of the Kitchen* (New York, 2004) [ハロルド・マギー著『マギー キッチンサイエンス——食材から食卓まで——』香西みどり監修・翻訳／北山薫・北山雅彦翻訳／共立出版／2008年]

Martino of Como, *The Art of Cooking: The First Modern Cookery Book*, trans. Jeremy Parzen (Berkeley, CA, 2005)

レシピ集

昔のレシピ

◉即席マスタード，アピキウスのレシピ（1世紀頃）

ウィリアム・キッチナー著『料理人の言葉 *Apicius Redivivus; or, The Cook's Oracle*』（ロンドン，1817年）より。

マスタードの粉末…1オンス（約28*g*）
牛乳（クリームならなお良い）…大さじ3
塩…小さじ½
砂糖…小さじ½

大理石か寄せ木細工のすり鉢で，マスタードの粉末，牛乳（クリームならなお良い），塩，砂糖を少しずつ混ぜ合わせる。

注：この方法でつくったマスタードはまったく苦みがなく，そのままテーブルに出せる。

....

◉マスタードの保存法，アピキウスのレシピ

熱湯…1クオート（1.136リットル）
塩…3オンス（約85*g*）
ホースラディッシュのすりおろし…2オンス（約57*g*）

1. 熱湯に塩を溶かす。
2. そこへすりおろしたホースラディッシュを加え，瓶に入れて蓋をし，24時間置く。
3. 液体を濾し，上質のマスタード粉を少しずつ加え，ねっとりするまでかなり長く攪拌する。
4. 広口の瓶に入れ，密封しておけば数か月保存できる。

....

◉マスタードを使った一般的な風邪の治療法（カタルまたは頭部の体液過多により頭痛が続く場合）

プリニウス（4世紀）。フェイス・ウォーリス編集『中世の医学——選集 *Medieval Medicine: A Reade*』（トロント，2010年）より

マスタードシード…2オンス（約57*g*）
ヨウシュチドリソウの茎…30本
ヒソップの頭状花…6オンス（約170*g*）
ハチミツの上澄み…6オンス（約170*g*）

1. マスタードシードを甘酢に1日漬ける。
2. ヨウシュチドリソウ［キンポウゲ科ヒエンソウ属の植物。種子は有毒で殺

虫剤・催吐剤に用いられる］の茎30本とヒソップの頭状花をつぶして混ぜる。
3. ハチミツの上澄みを加え，十分な量の甘酢を混ぜてすりつぶす。
4. 晴れ渡った空の下で3日間これでうがいをし，適度に水で割ったワインと甘い食品を摂取する。

◉カラシナ

6世紀ビザンチン帝国時代。アンティモス著『食品の観察 *De observatio ciborum*』，シャーリー・ハワード・ウェーバー翻訳（ライデン，1924年）より。

カラシナは塩と油を入れた湯でゆでるとおいしい。炭火で焼くか，ベーコンとともに加熱し，加熱中にビネガーを加えて味を調えるとよい。

◉シナブ（マスタードソース）

アル＝バグダーディ，10世紀。『カリフの台所記 *Annals of the Caliphs' Kitchens: Ibn Sayar al-Warraq'a Tenth-century Baghdadi Cookbook*』，ナワル・ナスララ翻訳（ライデン，2007年）より。

1. マスタードシードにはゴミ，小枝，腐ったシードなどが混じっているので取り除く。
2. シードを叩いて粉にする。これが難しければ，シードのなかにコットンを1枚入れると，叩きつぶすのがずっと簡単になる。
3. 叩きつぶしたら，シードと同量のクルミを加え，同様に叩きつぶす。
4. 好きなだけビネガーを加え，混ぜたものを目の細かいこし器でこす。
5. これで海の泡より白いマスタードの泡ができる（ザバド）。泡だけをすくい，少量の塩を加えて，神の思し召しにより供する。
6. 泡を取った残りでシナブソースをつくる。細かく砕いたザービブ（レーズン）とビネガー，または砂糖とビネガーを加えると，実にすばらしいソースになる。

◉マスタードを使った宮殿の鶏料理

アンダルシア，13世紀。『13世紀の無名のアンダルシア人の料理本 *An Anonymous Andalusian Cookbook of the Thirteenth Century*』，チャールズ・ペリー翻訳，http://daviddfriedman.com で閲覧可能。

1. 鶏肉を食べやすい大きさに切り，塩，きざんだタマネギとシラントロの葉，油，コリアンダーシード，コショウ，キャラウェーとともに深鍋に入れる。

2. 火にかけて，軽く沸騰してきたら，シラントロの搾り汁，ビネガー，ムリ[中世アラブ地方の調味料で大麦を醱酵させてつくられる]を加える。ムリよりビネガーを多めに入れる。
3. 鶏肉が煮えたら，皮をとったアーモンドを細かくきざみ，卵1個とコショウ少々，生のコリアンダーと乾燥コリアンダーの粉末，スプーン1杯のマスタードを加えてかき混ぜる。
4. 中身をすべて浅鍋に移し，卵3個を割り入れ，炉辺でしばらく寝かせてから，神の思し召しにより供する。

……………………………………………

◉ハニーマスタード

ドイツ，14世紀。『上質な食べ物の本 *Ein Buch von Guter Speise*』（シュトゥットガルト，1844年）より。

1. キャラウェーシードとアニス［セリ科の香草］に，コショウ，ビネガー，ハチミツで風味を付ける。
2. サフランを加えて金色にする。
3. そこへマスタードを加える。
4. この調味料のなかへ，ズルツェ（ピクルスかマリネした）パセリや，小さく切って保存した果物や野菜，ビーツなど好きなものを加えてもよい。

……………………………………………

◉マスタードスープ

タイユヴァン，14世紀。ギヨーム・ティレル著『タイユヴァンの食物譜 *The Viandier of Taillevent*』，テレンス・スキャリー編集（オタワ，1988年）より。

1. 油のなかに殻を取った卵を入れて目玉焼きかポーチドエッグをつくる。
2. その油にワインと水，みじん切りにして油で揚げたタマネギを加え，鉄鍋に入れて煮え立たせる。
3. パンの耳の部分をグリルで焼き，正方形に切って鍋に加え，一緒に煮る。
4. ブイヨンを濾し，パンを取り出して皿（またはボウル）に入れる。
5. 粘度の高いマスタードを鍋に入れてスープを煮立たせ，皿に入れたパンの上に注ぐ。

……………………………………………

◉カメリナマスタードソース

タイユヴァンのレシピ。

マグニヌス（マイノ・デ・マイネリ）はウサギのローストや小さなチキンにカメリナソース［カメリナはアブラナ科の植物］を勧めているが，タイユヴァンは子ヤギ，ラム，マトン，鹿肉にも使うよう勧めている。『パリの家政書 *Le Menagier de Paris*』では，カメリナソースを夏の間はビネガー，冬の間はワインを使ってつくるよう勧めている。マグニヌスのオリジナルのカメリナソースには

マスタードは入っていない。

マスタード，赤ワイン，シナモンパウダー，たっぷりの砂糖をよく混ぜてとろみを出す。ローストしたどんな肉にもよく合う。

……………………………………………

◉ロンバルディアのマスタード（ハチミツワインマスタードソース）

『料理の形式 *The Forme of Cury*』（14世紀）より。

1. マスタードシードを洗い，オーブンで乾かし，すりつぶしてふるいにかける。
2. ハチミツにワインとビネガーを入れてよくかき混ぜ，ドロッとした液体にする。
3. 使うときはワインで薄める。

……………………………………………

◉マスタードのレシピ

『パリの家政書 *Le Menagier de Paris*』，14世紀。ジーナ・L・グレコとクリスティン・M・ローズ翻訳，『良き妻への手引き：中世の家政書 *The Good Wife's Guide (Le Menagier de Paris): A Medieval Household Book*』（ニューヨーク州イサカ，2012年）より。

マスタードを長期保存したいと思うなら，収穫期にマイルドなマストを使ってつくるといい。マストは一度沸騰させたほうがよいという人もいる。

マスタードを別荘かどこかで急いでつくりたいと思ったら，マスタードシードを臼で挽いて，ビネガーを混ぜ，濾し布に注いで濾す。すぐに使いたいときは，鍋に入れて暖炉の前に置いておくといい。

もし時間をかけて絶品のマスタードをつくりたいと思ったら，良質のビネガーにマスタードシードを一晩浸してから粉ひき器で細かく挽き，ビネガーを少しずつ加えるといい。アスピック，クラリー，ヒポクラス，ソースをつくったときに残ったスパイスがあれば，マスタードシードと一緒に挽いて，ビネガーに浸しておくといい（アスピックとは肉，鶏，魚をゼリーで固めた料理，ヒポクラスはスパイスと甘みを加えたワイン，クラリーはヒポクラスの一種で，白または赤ワインとハチミツを使ったもの）。

……………………………………………

◉コルメラのマスタード

15世紀，コルメラ（ルキウス・ユニウス・モデラトゥス）著『農業論 *De re rustica*』，A・ミラー編集（ロンドン，1745年）より。

1. マスタードシードを洗って注意深くふるいにかけ，冷水でよく洗ったら2時間水に浸しておく。
2. 水から取り出し，手で水気を切り，新しいすり鉢または清潔なすり鉢に入

れ，すりこぎで小さくつぶす。

3. すりこぎでつぶしたら，すり鉢の中央に集め，手のひらで押しつぶす。
4. 押しつぶして平たくなったら，その上に燃えている石炭を2，3個載せ，硝石水を注ぐ。それにより苦みと青白さがなくなる。
5. それからすり鉢を持ち上げると，水分がすべて流れ出る。
6. その後酸味の強い白ビネガーを加え，すりこぎでよく混ぜる。
7. しかし，大きな晩餐のためにマスタードをつくる場合は，有害な果汁をすべて搾りだし，できるだけ新鮮なパイナップルとアーモンドを加え，注意深く混ぜあわせ，その上からビネガーを注ぐ。あとは前述のとおり。
8. このマスタードはとても美しくて目を楽しませてくれる。丁寧につくると，すばらしく白くなるからだ。

………………………………………………

◉小さなマスタードソース

プラティナのレシピ，15世紀。メアリー・エラ・ミラム翻訳，『プラティナ，正しい食卓がもたらすよろこびと健康：De Honesta Voluptate et Valetudine の校訂版と翻訳 *Platina, On Right Pleasure and Good Health: A Critical Edition and Translation of De Honesta Voluptate et Valetudine*』（アリゾナ州テンペ，1998年）より。

1. マスタード，よくつぶしたレーズン，シナモン少々，クローブを混ぜ，小さなボール状または小片をいくつかつくる。
2. 板の上で乾かしてから，必要なときに携帯する。
3. 必要なら，ベル果汁あるいはビネガーかマストに浸す。

………………………………………………

◉赤いマスタードソース

プラティナのレシピ。

1. マスタード，レーズン，サンダルウッド（白檀），トーストしたパンの小片，シナモン少々を別々に，あるいはすべて一緒にすり鉢か粉ひき器ですりつぶす。
2. 細かくなったら，ベル果汁かビネガーにマスト少々を加えたものに浸す。
3. 濾し布を通して器に入れる。
4. これはあまり辛くなく，刺激が強くて喉が渇くこともないが，あまり滋養にもならない。

………………………………………………

◉マスタード

マルティーノ・ダ・コモのレシピ，『料理の芸術：最初の現代料理本 *The Art of Cooking: The First Modern Cookery Book*』，ルイジ・バレリーニ編集，ジェレミー・パーゼン翻訳（カリフォルニア

州バークレー，2005年）より。

1. 適量のシャーロック（ワイルドマスタード，学名 *Sinapis arvensis*）を2日間水に浸ける。時々水を替えながらマスタードが白くなるまで浸けておく。
2. 適量のアーモンドの皮をむいて砕く。
3. 細かく砕けたらマスタードに混ぜて，一緒によくつぶす。
4. 上質のベル果汁かビネガーを注ぎ，細かく砕いた白いパンを加える。
5. 薄めて濾し布を通し，好みで甘みや辛みを加える。

……………………………………………

●赤または紫のマスタード

マルティーノ・ダ・コモのレシピ，『料理の芸術：最初の現代料理本 *The Art of Cooking: The First Modern Cookery Book*』より。

1. 適量のシャーロック（ワイルドマスタード，学名 *Sinapis arvensis*）を細かく砕き，レーズンを加えてできるだけ細かくつぶす。
2. トーストしたパンの小片とサンダルウッド（白檀）のエキス，シナモン，少量のベル果汁またはビネガー，アルコール分の抜けたワインを加えて薄め，濾し布を通す。

……………………………………………

●馬の背に乗せて運べるマスタード

マルティーノ・ダ・コモのレシピ，『料理の芸術：最初の現代料理本 *The Art of Cooking: The First Modern Cookery Book*』より。

1. 上のレシピと同様に，適量のシャーロックを砕き，細かくつぶしたレーズン，シナモン，クローブを加える。
2. 石弓で打つボールぐらいの小さな球形，または好きな大きさの正方形に成形する。
3. テーブルの上でしばらく乾かし，乾いたらどこでも好きな場所へ携帯できる。
4. 使用するときは，ベル果汁かビネガー，加熱したマスト，アルコール分の抜けたワインで薄めるとよい。

……………………………………………

●イタリアンマスタード

『ナポリの料理』，16世紀，テレンス・スキャリー翻訳，『ナポリの料理 *The Neapolitan Recipe Collection, Cuoco Napoletano*』（ミシガン州アナーバー，2000年）より。

1. シナポ（シロガラシ）と呼ばれるマスタードシードを，時々水を替えながら1，2日水に浸しておく。
2. ゆがいたアーモンドをすりつぶし，マスタードシードと混ぜてさらに細か

くすりつぶす。
3. 上質のマストシロップで甘みを，ベル果汁で酸味を加え，濾してとろみを付ける。
4. 好みでスパイスを加える。

………………………………………

◉旅行用マスタードボール

『ナポリの料理 *The Neapolitan Recipe Collection, Cuoco Napoletano*』より。

1. マスタードシードを1日水に浸してから，ひと握りのレーズン，クローブ，シナモン，少量のコショウと一緒にすりつぶす。
2. これを大小にかかわらず，クルミのようなボール状に成形する。
3. 板に載せて乾燥させ，乾いたら馬に乗って出かけるときに携帯できる。
4. ベル果汁かマスト，ワイン，ビネガーを使って薄めることもできる。

………………………………………

◉甘いモスタルダ

バルトロメオ・スカッピ，16世紀。ルイジ・バレリーニ，マッシモ・チアヴォレッラ編集，『バルトロメオ・スカッピのオペラ（1570年）：名料理人の芸術と技術 *The Opera of Bartolomeo Scappi (1570): L'arte et prudenza d'un maestro cuoco*』，テレンス・スキャリー翻訳（トロント，2008年）より。

1. 1ポンド（約453*g*）のブドウ果汁，砂糖入りのワインで煮た1ポンドのマルメロ，砂糖入りのワインで煮た4オンス（約113*g*）のリンゴ，3オンス（約85*g*）のオレンジの皮，2オンス（約57*g*）の砂糖漬けのライムの皮，半オンス（約14*g*）の砂糖漬けのナツメグを揃え，砂糖漬けをマルメロやリンゴと一緒にすり鉢に入れてすりつぶす。
2. すりつぶしたら，ブドウ果汁と混ぜて濾し，3オンスの洗ったマスタードシードを加える。マスタードシードの分量は好みの辛さによって増減する。
3. 濾したものに塩少々，細かく挽いた砂糖，半オンスのシナモンの粉末，¼オンスのクローブの粉末を加える。辛さは好みで決めればよい。
4. 砂糖漬けをすりつぶしたくなければ，叩いて小さくする。ブドウ果汁がなければ，代わりにマルメロとリンゴの量を増やすとよい。

………………………………………

◉ソース・ロベール（ブラウンマスタードソース）

マリー＝アントワーヌ・カレームのレシピ。『19世紀のフランス料理術 *L'art de la cuisine francaise au dix-neuvieme siècle*』（パリ，1854年）より。

1. 細かい角切りにしたタマネギ3個を澄ましバターでうすく色づくまで炒める。
2. 水分を取って，適量のコンソメとエスパニョールソース（フランス料理の主要なソースで，ダークブラウンルー，子牛の骨でとったスープストック，牛肉数切れ，野菜，香味料でつくる）大さじ2を混ぜる。
3. ソースが適当に煮詰まったら，グラニュー糖少々，コショウ少々，ビネガー，ディジョンマスタード大さじ1を加える。

現代のレシピ

◉トスカナ地方のモスタルダ

ペッレグリーノ・アルトゥージのレシピ，『イタリア料理大全：厨房の学とよい食の術』［工藤裕子他訳／平凡社／2020年］より。

このレシピには，甘みの強いブドウ2キロを使用する。赤ブドウを⅓と白のブドウを⅓にするか，全部白ブドウにする。

ワインをつくるときのようにブドウを押しつぶし，1～2日経って汁が上がってきたら，マストを搾る。

（500*ml* 分）
赤いリンゴまたはレネット種のリンゴ［タルトやアップルパイに使われるリンゴ］…1*kg*
大きめの西洋ナシ…2個
白ワインまたはヴィン・サント［デザートワインの一種］ならなお良い…240*g*（約1カップ）
シトロンの砂糖漬け…120*g*
ホワイトマスタードの粉末…40*g*

1. リンゴとナシの皮をむき，薄切りにする。
2. ワインと一緒に火にかけ，完全にワインを吸収したら，マストを注ぐ。
3. 頻繁にかき混ぜて，果物のジャムより濃度が高くなったら，冷ましてからマスタードの粉末を加える。マスタードは前もって温めたワインに溶かしておく。さいの目切りにしたシトロンも加える。
4. 小さな瓶に入れ，粉末状のシナモンを薄い膜のようにかぶせる。
5. マスタードは卓上に置いて，食欲を増進させたり消化を助けたりするのに使うとよい。

◉マスタードシードのピクルス

レシピのサイト「シェフステップス」（www.chefsteps.com）の許可を得て掲載。

マスタードシードのピクルスは貧者のキャビアとも呼ばれる。辛いというより

は，甘酸っぱい。一度にまとまった量をつくっておけば，ポークチーク［豚頬肉の煮こみ料理］からパストラミサンドイッチ，フォアグラのパルフェまで，あらゆる料理に使える。ピリッとした風味は，脂っこい料理をすっきりさせ，口のなかでキャビアのようなプチプチした食感を楽しむことができるだろう。

(400*g* 分)
シャンパンビネガー…350*ml*
水…150*ml*
砂糖…100*g*
塩…11*g*
イエローマスタードシード…200*g*

1. ビネガー，水，砂糖，塩をよく混ぜてピクルス液をつくり，そのまま置いておく。
2. マスタードシードを鍋に入れ，浸るように十分な水を加える。
3. 沸騰したら，絶えずかき混ぜながらしばらく煮て，濾す。
4. シードを鍋に戻し，新しい水を加え，沸騰させ，濾すというプロセスを8回繰り返し，苦いタンニンを取り除く。
5. 濾したマスタードシードを容器に移し，全体が浸るようにピクルス液を注ぐ。
6. すぐに使ってもいいが，数日間ピクルス液に浸けておくと風味が増す。マスタードシードのピクルスは冷蔵庫で数か月保存できる。

………………………………………………

●マスタードアイスクリーム

www.seriouseats.com から転載，アクセス日：2018年4月6日。

クリーム…125*mg*（½カップ）
牛乳……60*ml*
ターメリック……小さじ¼
バニラエッセンス…小さじ½
ハチミツ…大さじ2
塩…ひとつまみ
卵黄…3個
ブラウンシュガー…小さじ2
ディジョンマスタード…小さじ2
粒マスタード…小さじ2

1. 厚手の鍋にクリーム，牛乳，ターメリック，バニラエッセンス，ハチミツ，塩を入れ，時々かき混ぜながらゆっくりと加熱して沸騰させる。
2. 大きなボウルで卵黄とブラウンシュガーを，もったりして色が白っぽくなるまで泡立てる。
3. 温めたクリームと牛乳をゆっくりと卵黄に混ぜ，全部混ぜたら鍋に戻す。
4. 弱火でゆっくり温め，濃度がつくまで時々かき混ぜる。
5. 大きなボウルに濾しながら入れて冷まし，冷めたらマスタードを混ぜながら加えて冷蔵庫に入れる。
6. 30～45分間アイスクリームメーカーに入れておいてから，プラスチック容器に移し，約5時間，または凍って固まるまで冷凍庫に入れておく。

……………………………………………………種

◉マスタードブレッド

カレン・アンダーソンのブログ（https://brotandbread.org）から許可を得て転載。

（予備醱酵）
パン用小麦粉…140g（1カップ）
水…84g
ドライイースト…小さじ¼
塩…小さじ¼

（ソーカー［全粒粉等をパン用小麦粉と混ざりやすくするためにあらかじめ水に浸けておくこと］）
小麦全粒粉…104g（½カップ）
ライ麦粉…70g（⅓カップ）
水…130g
塩…小さじ¾

（最終的な生地）
予備醱酵用のすべての材料
ソーカー用のすべての材料
パン用小麦粉…556g（2カップ）
ドライイースト…15g
塩…3¼g
水…408g（2カップ）
マスタード…66g（¼カップ）
18か月熟成させたゴーダチーズ（粗くすりおろすかさいの目切りにする）…122g
マスタード（最後に表面に塗る）
トッピング用のヒマワリかカボチャの種

（1日目）
1. 予備醱酵とソーカーの材料をそれぞれ混ぜ合わせる。
2. それぞれのボウルに布巾などをかぶせて，室温で休ませる。
3. 夕方になったら，最終的な生地の材料をすべてパンこね器に入れて低速で（または手で），小麦粉がしっとりするまで1～2分混ぜる。
4. 5分間休ませてから，中低速で（または手で）6分間こねる。必要なら水または小麦粉少々を追加する（生地は幾分粘り気があり，ボウルの横にはくっつかないが，底にはくっつく状態が良い）。
5. 生地を薄く油を塗った板の上に移す。手にも油を付けて，生地を伸ばし，叩いて正方形にする。まず上下をビジネスレターのように三つ折りにし，次に左右を同じく三つ折りにする。
6. 生地を丸めて，薄く油を塗ったボウルにとじ目を下にして置き，布巾などをかぶせて，10分間休ませる。伸ばして3つ折りにし，丸めるという工程を10分の間隔を空けて3回繰り返す。
11. 最後に折りたたんだあと，薄く油を塗った蓋付き容器に入れ，一晩冷蔵庫に入れる。

（2日目）
1. 作業を始める2時間前に，生地を冷蔵庫から出しておく。

2. オーブンを240度に予熱し，焼き石，スチーマーも入れておく。
3. トッピング用のマスタードシードを皿の上に置く。
4. 生地をふたつに分けて成形し，マスタードを塗り，ヒマワリかカボチャの種のなかで転がして表面に付ける。
5. 生地をとじ目を下にしてクッキングシートの上に置き，元の大きさの1.5倍に膨らむまで置いておく。
6. 1カップのお湯で蒸気を出しながら，15分間焼く。
7. オーブンからスチーマーを出し，パンを180度回転させる。
8. 温度を210度に下げ，パンが赤みがかった濃げ茶色になり，底を叩いても軽い音がし，表面温度が最低93度になるまでさらに25分間焼く。
9. 金網台の上で冷ます。

....

◉フローニンゲンのマスタードスープ

［フローニンゲンはオランダのフローニンゲン州にある基礎自治体］

（4人分）
ニンニクのみじん切り…1かけ
中くらいの大きさのタマネギのみじん切り…1個
バター…50*g*（¼カップ）
クリームまたはクレームフレーシュ（サワークリームの一種）…100*ml*
ベジタブルストック……1リットル（4.2カップ）
厚切りベーコンを四角に切ったもの…150*g*（1カップ）
ポロネギ…1本
大粒マスタード…大さじ3
トウモロコシ粉（コーンスターチ）…50*g*（½カップ）

1. スープ鍋にバターを溶かして，タマネギとニンニクを2～3分炒める。
2. トウモロコシ粉を加え，ストックをゆっくりと注ぎ，なめらかなホワイトソース状にする。
3. 1～2分火を通してからクリームを加え，沸騰させる。
4. ポロネギを半分に切ってから薄切りにする。
5. ポロネギとマスタードを加えてかき混ぜ，さらに弱火で約4分間煮る。
6. 塩とコショウをひとつまみずつ加えて味を調える。
7. フライパンでベーコンをカリカリになるまで炒める。
8. 器にスープを入れ，カリカリのベーコンを飾る。

....

◉パンジャーブ地方のカラシナ料理（サーソン・カ・サーグ）

ミーラ・ソダ，『フレッシュなインド：簡単にすぐつくれておいしい130のベジタリアンレシピ *Fresh India: 130 Quick, Easy and Delicious Vegetarian Reci-*

pes for Every Day』（ロンドン，2016年）より

（4人分）
ダブルクリーム［脂肪分48％の濃厚なクリーム］…250*g*（カップ1）
カラシナの葉（細切り）…1*kg*
ベジタブルオイル（炒め物用）…大さじ1
タマネギ（みじん切り）…大きめのもの2個
ショウガ（皮をむいておく）…大さじ1
ニンニク（つぶしておく）…6かけ
クミンシード…大さじ1
ターメリックパウダー…小さじ½
チリパウダー…小さじ1
塩…小さじ½

1. 片手鍋にカラシナの葉と十分な水を入れ，蓋をして沸騰させる。
2. 沸騰したら弱火にして葉がやわらかくなるまで15分間コトコト煮る。
3. ざるに空けてよく水分を切る。
4. ミキサーに入れて大さじ4の水を加え，粘り気のあるペースト状になるまで混ぜる。
5. 鍋にオイルを入れて熱してクミンシードを入れ，パチパチ音がしてきたらニンニクとショウガを加え，中火で約30秒炒める。
6. タマネギを加え，タマネギが透き通るまで2分間炒める。
7. 鍋にカラシナ，ターメリックパウダー，チリパウダー，塩を加え，よく混ぜて弱火で2～3分炒める。
8. 熱いうちにコーンロティ［トウモロコシを練りこんだパン］を添えて供する。

注

第1章　マスタードとは

1　Donna Demaio, 'Quantas 787 Dreamliner Takes Off Fuelled by Mustard Seed Biofuel on Los Angeles-Melbourne Flight', *Traveller*, www.traveller.com.au, accessed 29 January 2019.

2　At https://atlas.media.mit.edu, accessed 28 January 2019.

3　Kelli C. Rudolph, ed., *Taste and the Ancient Senses (The Senses in Antiquity)* (London, 2017), p. 186.

4　Ruth A. Johnston, *All Things Medieval: An Encyclopedia of the Medieval World* (Santa Barbara, CA, 2011), vol. I, p. 255.

5　Terence Scully, 'Tempering Medieval Food', in *Food in the Middle Ages: A Book of Essays*, ed. Melitta Weiss Adamson (New York, 1995), pp. 3-23.

6　Magninus, *Opusculum de saporibus*, available at www.staff.uni-giessen.de, accessed 27 February 2018.

7　Ken Albala, *Eating Right in the Renaissance* (Berkeley, CA, 2002), p. 253.

8　Harold McGee, *On Food and Cooking: The Science and Lore of the Kitchen* (New York, 2004), p. 394.［ハロルド・マギー著『マギー キッチンサイエンス――食材から食卓まで――』香西みどり監修・翻訳／北山薫・北山雅彦翻訳／共立出版／2008年］

第2章　マスタードの歴史

1　Kelli C. Rudolph, ed., *Taste and the Ancient Senses (The Senses in Antiquity)* (London, 2017), p. 133.

2　Comité des travaux historiques et scientifiques, *Collection de documents inédits sur l'histoire de France publiés par ordre du roi et par les soins du Ministre de l'instruction publique; rapports au roi et pièces* (Paris, 1835), available at https://archive.org, accessed 6 November 2017.

3　Alexandre Dumas, 'Étude sur la Moutarde, par Alexandre Dumas', in *Le Grand Dictionnaire de Cuisine, 'Annexe'* (Paris, 1873) *Annexe*, pp. 3-11.［アレクサンドル・デュマ著『デュマの大料理事典』辻静雄編集・翻訳／林田遼右・坂道三郎訳／岩波書店／1993年］

4 Ruth Cowen, *Relish: The Extraordinary Life of Alexis Soyer, Victorian Celebrity Chef*, Kindle edn (London, 2010).

5 Alexis Soyer, *Memoirs of Alexis Soyer: With Unpublished Receipts and Odds and Ends of Gastronomy* [1859], ed. F. Volant and J. R.Warren (New York, 2013), p. 252.

6 Vic Van de Reijt, *Willem Elsschot: De mosterdverzen* (Amsterdam, 2013).

7 Sir Hugh Plat, *Delightes for Ladies to Adorn Their Persons, Tables, Closets, and Distillatories, With Beauties, Banquets, Perfumes, and Waters* (London, 1644), available at the Library of Congress, www.loc.gov, accessed 9 April 2018.

8 Arthur Hill Hassall, *Food and Its Adulterations: Comprising the Reports of the Analytical Sanitary Commission of The Lancet* (London, 1855), p. 124.

9 Thomas Fuller, *The History of the Worthies of England, in Three Volumes* (London, 1662), vol. I, available at https://archive.org, accessed 15 April 15 2018.

10 See www.tewkesburymustard.co.uk, accessed 22 September 2017.

11 Michael Bateman, *A Delicious Way to Earn a Living* (London, 2008).

12 Colma's of Norwich, *Information Guide No. 3*, Unilever Archives and Records, Port Sunlight (date unknown).

13 Advertisement 'The Mustard Club Topical Budget' (Publicity films: Norwich, Norfolk, 1926), East Anglian Film Archive of the University of East Anglia, www.eafa.org.uk, accessed 2 March 2018.

14 Darra Goldstein, *The Oxford Companion to Sugar and Sweets* (New York, 2015), p. 463.

15 *Liber de Coquina*, Part 1: *Tractatus*, recipe 12, trans. Thomas Gloning, vol. X (2001), available at www.staff.uni-giessen.de, accessed 28 February 2018.

16 *Liber de Coquina*, Part 2: *Liber de Coquina*, recipes 13, 14, trans. Thomas Gloning, vol. X (2002), available at www.staff.uni-giessen.de, accessed 28 February 2018.

17 Martino da Como, *The Art of Cooking: The First Modern Cookery Book*, trans. Jeremy Parzen (Berkeley, CA, 2005), p. 135.

18 Terence Scully, ed., *The Neapolitan Recipe Collection (Cuoco Napoletano)* (Ann Arbor, MI, 2000), p. 180.

19 Cristoforo di Messisbugo, *Libro novo* (Venice, 1557), p. 85.

20 Luigi Ballerini and Massimo Ciavolella, eds, *The Opera of Bartolomeo Scappi (1570): L'arte et prudenza d'un maestro cuoco (The Art and Craft of a Master Cook)*, trans. Terence Scully (Toronto, 2008).

21 Michel De Montaigne, *Viaggio in Italia*, trans. Ettore Camesasca, digital edn (Milan, 2013).

22 Ippolito Cavalcanti, *Cucina Teorico-pratica*, 2nd edn (Naples, 1839), pp. 253-4, available at https://archive.org, accessed 1 March 2018.

23 Pellegrino Artusi, *Science in the Kitchen and the Art of Eating Well (La scienza in cucina e l'arte di mangiar bene)*, trans. Murtha Baca and Stephen Sartarelli (Toronto, 2003).

24 Pauline B. Lewicka, 'Description of mustard *(şifat khardal)*', in *Food and Foodways of Medieval Clairenes: Aspects of Life in an Islamic Metropolis of the Eastern Mediterranean* (Leiden, 2011), pp. 277-8.

25 前掲書, p. 345.

26 The Canon of Medicine (*Al-Qanun fi al-tibb*) of Avicenna, reprinted from the 1930 edn (New York, 1973), available at https://archive.org, accessed 10 April 2018.

27 Ogier Ghislain de Busbecq, *Türk Mektuplari*, trans. Derin Türkömer (Istanbul, 2005), available at https://kupdf.net, accessed 13 September 2018.

28 Alden T. Vaughan, *New England Frontier: Puritans and Indians, 1620-1675*, 3rd edn (Norman, OK, 1995), p. 6.

29 Mentioned in three Lewis and Clark journal entries (Joseph Whitehouse 7 April 1805, Lewis Meriwether 5 June 1806 and William Clark 5 June 1806). Journals of the Lewis and Clark Expedition. Available at www.lewisandclarkjournals.com, accessed 27 October 2017.

30 Sylvester Graham, *Lectures on the Science of Human Life*, vol. II (Boston, MA, 1839), pp. 595-8.

31 Andrew F. Smith, 'Condiments', in *The Oxford Encyclopedia of Food and Drink in America*, 2nd edn, ed. Andrew F. Smith (Oxford, 2012), p. 459.

32 Ellen G. White, *The Ministry of Healing* (Guildford, 2011), p. 209.

33 Andrew F. Smith, ed., *Savoring Gotham: A Food Lover's Companion to New York City* (New York, 2015).

34 Donovan A. Shilling, *Made in Rochester* (Rochester, 2015), pp. 174-176.

35 Barry Levenson, personal conversation, 10 January 2018.

第3章　言語と文化のなかのマスタード

1 John Ayto, ed., *Oxford Dictionary of English Idioms*, 3rd edn (Oxford, 2009),

p. 193.

2 前掲書 , p. 84.

3 Eric Partridge, *The Routledge Dictionary of Historical Slang*, ed. Jacqueline Simpson (ebook, London, 2006).

4 Harold V. Cordry, *The Multicultural Dictionary of Proverbs* (Jefferson, NC, 2005), pp. 160, 162.

5 Kelli C. Rudolph, ed., *Taste and the Ancient Senses (The Senses in Antiquity)* (London, 2017), p. 41.

6 Robert Beer, *The Handbook of Tibetan Buddhist Symbols* (London, 2003), p. 25.

7 Eugene Watson Burligame, trans., Charles Rockwell Lanman, ed., Buddhist Legends, Part 1, *Translated from the Original Text of the Dhammapada Commentary* (Delhi, 2005), p. 107.

8 Gerard Schroeder, *Genesis and the Big Bang: The Discovery of Harmony between Modern Science and the Bible* (New York, 1990), p. 65.

9 Herbert Lockyer, *All the Parables of the Bible* (Grand Rapids, MI, 1963), pp. 186-7.

10 Pliny, *Natural History*, vol. V: *Libri XVII-XIX*, trans. H. Rackam (Cambridge, MA, 1950), pp. 529, 531, available at https://archive.org, accessed 11 January 2018. [『プリニウスの博物誌』中野貞夫・中野里美・中野美代訳／雄山閣／1986年]

11 Robert A. Kittle, *Franciscan Frontiersmen: How Three Adventurers Charted the West* (Norman, OK, 2017), p. 44. See Thomas C. Patterson, *From Acorns to Warehouses: Historical Political Economy of Southern California's Inland Empire* (Oxford, 2016).

12 Hadith 165 in *The Book of Faith (Kitab Al-Iman)*, trans. Abdul Hamid Siddiqui, at www.theonlyquran.com, accessed 12 January 2018.

13 François Rabelais, *Gargantua and Pantagruel*, vol. I, p. 116, at www.readhowyouwant.com, accessed 2 November 2016.

第4章　神話と医療のなかのマスタード

1 William Crooke, *An Introduction to the Popular Religion and Folklore of Northern India* (New Delhi, 1994).

2 Samuel Noah Kramer, *The Sumerians: Their History, Culture and Character* (Chicago, IL, 1963), pp. 96-7.

3 Hippocrates, *Hippocrates*, vol. IV, trans. W.H.S. Jones (Cambridge, MA, 1967), p. 331.

4 Julia Wolfe Loomis, *Mythology* (New York, 1965), p. 12.

5 Paulus Francis Adams, *The Medical Works of Paulus Aegineta, the Greek Physician* (London, 1834), available at https://archive.org, accessed 19 March 2018.

6 Gerrit Bos, *Ibn Al-Jazzar on Forgetfulness and its Treatments* (London, 1995), p. 25.

7 Jean-Denis Duplanil, *Médecine domestique. Ou, Traité complet des moyens de se conserver en santé, et de guérir les maladies par le régime et les remèdes simples: ouvrage mis à la portée de tout le monde* (Paris, 1802), pp. 74, 79, 326. Available at https://archive.org, accessed 8 November 2017.

8 Jun Qiu and Jie Kang, 'Exercise Associated Muscle Cramps - A Current Perspective', *Scientific Pages of Sports Medicine*, I/1 (2017), pp. 3-14.

第5章　メニューのなかのマスタード

1 Hervé This, *Kitchen Mysteries: Revealing the Science of Cooking*, trans. Jody Gladding (New York, 2010), p. 42.

2 Anonymous, *Néo-physiologie du gout par ordre alphabétique, ou dictionnaire général de la cuisine française ancienne et modern*, 2nd edn (Paris, 1853), available at http://gallica.bnf.fr, accessed 7 November 2017.

3 Auguste Escoffier, *Le Guide Culinaire: aide-mémoire de cuisine pratique avec la collaboration de mm. Philéas Gilbert and Émile Fétu*, 3rd edn (Paris, 1912), pp. 52, 209, available at http://gallica.bnf.fr, accessed 7 November 2017.

4 T. H. Gringoire and L. Saulnier, *Le Répertoire de la cuisine*, 3rd edn (London, 1923), p. 19, available at http://gallica.bnf.fr, accessed 7 November 2017.

5 Harold McGee, *On Food and Cooking: The Science and Lore of the Kitchen* (New York, 2004), p. 398. [ハロルド・マギー著『マギー キッチンサイエンス——食材から食卓まで——』香西みどり監修・翻訳／北山薫・北山雅彦翻訳／共立出版／2008年]

6 Chitrita Banerji, *Bengali Cooking: Seasons and Festivals* (London, 1997), pp. 29, 60.

デメット・ギュゼイ（Demet Güzey）
イタリアのベローナに本拠を置くフードライター。パリの料理菓子専門学校ル・コルドン・ブルーで講義も行う。著書に『*Food on Foot: A History of Eating on Trails and in the Wild*（旅の食べ物：旅の途上や荒野で人間は何を食べてきたか）』がある。

元村まゆ（もとむら・まゆ）
同志社大学文学部卒業。翻訳家。訳書として『「食」の図書館　ロブスターの歴史』（原書房），『ヴァンパイアの教科書：神話と伝説と物語』（原書房），『SKY PEOPLE』（ヒカルランド）などがある。

「食《しょく》」の図書館《としょかん》

マスタードの歴史《れきし》

●

2021年1月22日　第1刷

著者……………デメット・ギュゼイ

訳者……………元村《もとむら》まゆ

装幀……………佐々木正見

発行者……………成瀬雅人

発行所……………株式会社原書房

〒160-0022 東京都新宿区新宿1-25-13

電話・代表03(3354)0685

振替・00150-6-151594

http://www.harashobo.co.jp

印刷……………新灯印刷株式会社

製本……………東京美術紙工協業組合

ISBN 978-4-562-05857-0, Printed in Japan

ウイスキーの歴史《「食」の図書館》
ケビン・R・コザー／神長倉伸義訳

ウイスキーは酒であると同時に、政治であり、経済であり、文化である。起源や造り方をはじめ、厳しい取り締まりや戦争などの危機を何度もはねとばし、誇り高い文化にまでなった奇跡の飲み物の歴史を描く。2000円

豚肉の歴史《「食」の図書館》
キャサリン・M・ロジャーズ／伊藤綺訳

古代ローマ人も愛した、安くておいしい「肉の優等生」豚肉。豚肉と人間の豊かな歴史を、偏見／タブー、労働者などの視点も交えながら描く。世界の豚肉料理、ハム他の加工品、現代の豚肉産業なども詳述。2000円

サンドイッチの歴史《「食」の図書館》
ビー・ウィルソン／月谷真紀訳

簡単なのに奥が深い…サンドイッチの驚きの歴史！「サンドイッチ伯爵が発明」説を検証する、鉄道・ピクニックとの深い関係、サンドイッチ高層建築化問題、日本の総菜パン文化ほか、楽しいエピソード満載。2000円

ピザの歴史《「食」の図書館》
キャロル・ヘルストスキー／田口未和訳

イタリア移民とアメリカへ渡って以降、各地の食文化に合わせて世界中に広まったピザ。本物のピザとはなに？世界中で愛されるようになった理由は？シンプルに見えて実は複雑なピザの魅力を歴史から探る。2000円

パイナップルの歴史《「食」の図書館》
カオリ・オコナー／大久保庸子訳

コロンブスが持ち帰り、珍しさと栽培の難しさから「王の果実」とも言われたパイナップル。超高級品、安価な缶詰、トロピカルな飲み物など、イメージを次々に変えて世界中を魅了してきた果物の驚きの歴史。2000円

（価格は税別）

ソースの歴史《「食」の図書館》

メアリアン・テブン著　伊藤はるみ訳

高級フランス料理からエスニック料理、B級ソースまで…世界中のソースを大研究！　実は難しいソースの定義、進化と伝播の歴史、各国ソースのお国柄、「うま味」の秘密など、ソースの歴史を楽しくたどる。

2200円

水の歴史《「食」の図書館》

イアン・ミラー著　甲斐理恵子訳

安全な飲み水の歴史は実は短い。いや、飲めない地域は今も多い。不純物を除去、配管・運搬し、酒や炭酸水として飲み、高級商品にもする…古代から最新事情まで、水の驚きの歴史を描く。

2200円

オレンジの歴史《「食」の図書館》

クラリッサ・ハイマン著　大間知知子訳

甘くてジューシー、ちょっぴり苦いオレンジは、エキゾチックな富の象徴、芸術家の霊感の源だった。原産地中国から世界中に伝播した歴史と、さまざまな文化や食生活に残した足跡をたどる。

2200円

ナッツの歴史《「食」の図書館》

ケン・アルバーラ著　田口未和訳

クルミ、アーモンド、ピスタチオ…独特の存在感を放つナッツは、ヘルシーな自然食品として再び注目を集めている。世界の食文化にナッツはどのように取り入れられていったのか。多彩なレシピも紹介。

2200円

ソーセージの歴史《「食」の図書館》

ゲイリー・アレン著　伊藤綺訳

古代エジプト時代からあったソーセージ。原料、つくり方、食べ方…地域によって驚くほど違う世界中のソーセージの歴史。馬肉や血液、腸以外のケーシング（皮）などの珍しいソーセージについてもふれる。

2200円

（価格は税別）

カクテルの歴史 《「食」の図書館》

ジョセフ・M・カーリン著　甲斐理恵子訳

氷やソーダ水の普及を受けて19世紀初頭にアメリカで生まれ、今では世界中で愛されているカクテル。原形となった「パンチ」との関係やカクテル誕生の謎、ファッションその他への影響や最新事情にも言及。　２２００円

メロンとスイカの歴史 《「食」の図書館》

シルヴィア・ラブグレン著　龍和子訳

おいしいメロンはその昔、「魅力的だがきわめて危険」とされていた!? アフリカからシルクロードを経てアジア、南北アメリカへ…先史時代から現代までの世界のメロンとスイカの複雑で意外な歴史を追う。　２２００円

ホットドッグの歴史 《「食」の図書館》

ブルース・クレイグ著　田口未和訳

ドイツからの移民が持ち込んだソーセージをパンにはさむ――この素朴な料理はなぜアメリカのソウルフードにまでなったのか。歴史、つくり方と売り方、名前の由来ほか、ホットドッグのすべて!　２２００円

トウガラシの歴史 《「食」の図書館》

ヘザー・アーント・アンダーソン著　服部千佳子訳

マイルドなものから激辛まで数百種類。メソアメリカで数千年にわたり栽培されてきたトウガラシが、スペイン人によってヨーロッパに伝わり、世界中の料理に「なくてはならない」存在になるまでの物語。　２２００円

キャビアの歴史 《「食」の図書館》

ニコラ・フレッチャー著　大久保庸子訳

ロシアの体制変換の影響を強く受けながらも常に世界を魅了してきたキャビアの歴史。生産・流通・消費についてはもちろん、ロシア以外のキャビア、乱獲問題、代用品、買い方・食べ方他にもふれる。　２２００円

（価格は税別）

トリュフの歴史《「食」の図書館》

ザッカリー・ノワク著　富原まさ江訳

かつて「蛮族の食べ物」とされたグロテスクなキノコはいかにグルメ垂涎の的となったのか。文化・歴史・科学等の幅広い観点からトリュフの謎に迫る。フランス・イタリア以外の世界のトリュフも取り上げる。２２００円

ブランデーの歴史《「食」の図書館》

ベッキー・スー・エプスタイン著　大間知知子訳

「ストレートで飲む高級酒」が「最新流行のカクテルベース」に変身…再び脚光を浴びるブランデーの歴史。蒸溜と錬金術、三大ブランデーの歴史、ヒップホップとの関係、世界のブランデー事情等、話題満載。２２００円

ハチミツの歴史《「食」の図書館》

ルーシー・M・ロング著　大山晶訳

現代人にとっては甘味料だが、ハチミツは古来神々の食べ物であり、薬、保存料、武器でさえあった。ミツバチと養蜂、食べ方・飲み方の歴史から、政治、経済、文化との関係まで、ハチミツと人間との歴史。２２００円

海藻の歴史《「食」の図書館》

カオリ・オコナー著　龍和子訳

欧米では長く日の当たらない存在だったが、スーパーフードとしていま世界中から注目される海藻…世界各地のすぐれた海藻料理、海藻食文化の豊かな歴史をたどる。日本の海藻については一章をさいて詳述。２２００円

ニシンの歴史《「食」の図書館》

キャシー・ハント著　龍和子訳

戦争の原因や国際的経済同盟形成のきっかけとなるなど、世界の歴史で重要な役割を果たしてきたニシン。食、環境、政治経済…人間とニシンの関係を多面的に考察。日本のニシン、世界各地のニシン料理も詳述。２２００円

（価格は税別）

ジンの歴史《「食」の図書館》
レスリー・J・ソルモンソン著　井上廣美訳
オランダで生まれ、イギリスで庶民の酒として大流行。やがてカクテルのベースとして不動の地位を得たジン。今も進化するジンの魅力を歴史的にたどる。新しい動き「ジン・ルネサンス」についても詳述。　2200円

バーベキューの歴史《「食」の図書館》
J・ドイッチュ／M・J・イライアス著　伊藤はるみ訳
たかがバーベキュー。されどバーベキュー。火と肉だけのシンプルな料理ゆえ世界中で独自の進化を遂げたバーベキューは、祝祭や政治等の場面で重要な役割も担ってきた。奥深いバーベキューの世界を大研究。　2200円

トウモロコシの歴史《「食」の図書館》
マイケル・オーウェン・ジョーンズ著　元村まゆ訳
九千年前のメソアメリカに起源をもつトウモロコシ。人類にとって最重要なこの作物がコロンブスによってヨーロッパへ伝えられ、世界へ急速に広まったのはなぜか。食品以外の意外な利用法も紹介する。　2200円

ラム酒の歴史《「食」の図書館》
リチャード・フォス著　内田智穂子
カリブ諸島で奴隷が栽培したサトウキビで造られたラム酒。有害な酒とされるも世界中で愛され、現在では多くのカクテルのベースとなり、高級品も造られている。多面的なラム酒の魅力とその歴史に迫る。　2200円

ピクルスと漬け物の歴史《「食」の図書館》
ジャン・デイヴィソン著　甲斐理恵子訳
浅漬け、沢庵、梅干し。日本人にとって身近な漬け物は、古代から世界各地でつくられてきた。料理や文化としての発展の歴史、巨大ビジネスとなった漬け物産業、漬け物が食料問題を解決する可能性にまで迫る。　2200円

（価格は税別）

ジビエの歴史 《「食」の図書館》

ポーラ・ヤング・リー著　堤理華訳

古代より大切なタンパク質の供給源だった野生動物の肉ジビエ。やがて乱獲を規制する法整備が進み、身近なものではなくなっていく。人類の歴史に寄り添いながらも注目されてこなかったジビエに大きく迫る。２２００円

牡蠣の歴史 《「食」の図書館》

キャロライン・ティリー著　大間知　知子訳

有史以前から食べられ、二千年以上前から養殖もされてきた牡蠣をめぐって繰り広げられてきた濃厚な歴史。古今東西の牡蠣料理、牡蠣の保護、「世界の牡蠣産業の救世主」日本の牡蠣についてもふれる。２２００円

ロブスターの歴史 《「食」の図書館》

エリザベス・タウンセンド著　元村まゆ訳

焼く、茹でる、汁物、刺身とさまざまに食べられるロブスター。日常食から贅沢品へと評価が変わり、現在は人道的に息の根を止める方法が議論される。人間の注目度にふりまわされるロブスターの運命を辿る。２２００円

ウオッカの歴史 《「食」の図書館》

パトリシア・ハーリヒー著　大山晶訳

安価でクセがなく、汎用性が高いウオッカ。ウォッカはどこで誕生し、どのように世界中で愛されるようになったのか。魅力的なボトルデザインや新しい飲み方についても解説しながら、ウォッカの歴史を追う。２２００円

キャベツと白菜の歴史 《「食」の図書館》

メグ・マッケンハウプト著　角敦子訳

大昔から人々に愛されてきたキャベツと白菜。育てやすくて栄養にもすぐれている反面、貧者の野菜とも言われてきた。キャベツと白菜にまつわる驚きの歴史、さまざまな民族料理、最新事情を紹介する。２２００円

（価格は税別）